作品集

第一届全国高等美术院校建筑与环境艺术设计专业学生作品双年展

COLLECTION OF THE 1ST STUDENTS' WORKS BIENNALE OF ARCHITECTURE AND ENVIRONMENT DESIGN DEPARTMENTS OF FINE ART SCHOOLS IN CHINA

主编　　王海松

中国建筑工业出版社

图书在版编目(CIP)数据

第一届全国高等美术院校建筑与环境艺术设计专业学生作品双年展作品集/王海松主编．—北京：中国建筑工业出版社，2006
ISBN 7-112-08716-3

Ⅰ．第… Ⅱ．王… Ⅲ．建筑设计：环境设计－作品集－中国－现代 Ⅳ．TU-856

中国版本图书馆CIP数据核字（2006）第126811号

主　　编：王海松
副 主 编：何小青
整体设计：史丽丽　郭佳玲
责任编辑：唐　旭　李东禧
责任校对：王雪竹

第一届全国高等美术院校建筑与环境艺术设计专业学生作品双年展作品集

主编　王海松

*

中国建筑工业出版社出版、发行(北京西郊百万庄)
新华书店经销
北京嘉泰利德公司制版
北京方嘉彩色印刷有限责任公司印刷

*

开本：880×1230毫米　1/16　印张：8 3/4　字数：270千字
2006年11月第一版　2006年11月第一次印刷
印数：1—2500册　定价：**58.00**元
ISBN 7-112-08716-3
　　(15380)

版权所有　翻印必究
如有印装质量问题，可寄本社退换
(邮政编码100037)
本社网址：http://www.cabp.com.cn
网上书店：http://www.china-building.com.cn

参展单位

中央美术学院

清华大学美术学院

天津美术学院

西安美术学院

鲁迅美术学院

四川美术学院

湖北美术学院

上海大学美术学院

东北师范大学美术学院

江南大学设计学院

浙江理工大学艺术与设计学院

山东工艺美术学院

东北大学艺术学院

大连大学美术学院

辽东学院艺术与设计学院

吉林师范大学美术学院

双年展主办单位

中央美术学院
中国建筑工业出版社
上海大学美术学院

双年展指导单位

中国美术家协会艺术委员会

双年展承办单位

上海大学美术学院建筑系

双年展顾问委员会

马国馨　蔡镇钰　张宝玮　张绮曼　彭远甫
潘公凯　邱瑞敏　郑曙旸

双年展组委会

主任：王海松　李东禧
副主任：何小青　傅祎
成员：魏秦　唐旭　黄源　章迎庆　谢建军
柏春　丁晓峰

双年展特别支持单位

和成（中国）有限公司

双年展评奖委员会

卢济威（评委会主席）
同济大学建筑城规学院　教授
博士生导师
前同济大学建筑系主任
前全国建筑学专业指导委员会副主任

张惠珍
中国建筑工业出版社　副总编辑
编审

吕品晶
中央美术学院建筑学院常务副院长
教授　硕士生导师
国家一级注册建筑师

朱　凡
中国美术家协会艺术委员会秘书长

马克辛
鲁迅美术学院环境艺术系主任
教授　硕士生导师
中国美术家协会环境艺术专业委员会副主任

吴　昊
西安美术学院建筑与环境艺术系主任
教授　硕士生导师
中国美术家协会环境艺术专业委员会委员

苏　丹
清华大学美术学院环境艺术系主任
教授　硕士生导师
中国美术家协会环境艺术专业委员会秘书长

黄　耘
四川美术学院建筑系主任　副教授
硕士生导师

邱士楷
和成（中国）有限公司　董事长

王海松
上海大学美术学院建筑系主任
副教授　硕士生导师

序

美术院校办建筑系是最近几年才出现的新鲜事物,而且它们多数脱胎于美术院校中的环境艺术设计专业,由这两个专业的学生参加的作业竞赛会有什么样的内容和水准呢?怀着一丝好奇,也带着一丝担心,我接受了"第一届高等美术院校建筑与环境艺术设计专业学生作品双年展"组委会的邀请,参与了竞赛的评奖活动。

在上海大学美术学院的展厅内,面对来自于全国16所高等美术院校的学生作业,我的第一感觉是颇为兴奋。虽然竞赛的参与对象比较广,覆盖了从本科生到研究生的各个年级,作品的内容和选题也千姿百态,但是其整体表现保持了相当的水平。与传统工科院校的建筑系学生相比,美院的学生有着鲜明的自身特色。

特色首先表现在学生的感知和构思习惯上。美院学生比较"敢想",他们对周边环境的感知比较敏感,使设计作品的自然性和新鲜感得到了很大程度的发挥。例如四川美术学院建筑系的某个获奖作品就把重庆市井生活中的"耍街"场景引入建筑群体空间,使作品充满了乡土空间的亲合力。

特色还表现在对社会问题的关注上。美院本来就是一个人文气息较浓的地方,学生对设计问题的思考往往会延伸到对某些社会问题的解答及"人文精神"的追求上。如清华美术学院的获奖作品《清华大学美术学院新环境景观改造》关注于"学院感"的塑造,中央美术学院的获奖作品《城市交通综合体》立足于解决由城市交通问题带来的相关社会问题。

特色同时也表现在对设计思维过程的重视和合理"技艺观"的运用上。如上海大学美术学院的获奖作品《"Platform for spectacle"——城市综合体概念设计》着重演绎了以量化分析为依据的探索性思维设计的过程,清华美院的《哈尔滨市何家沟两岸生态景观规划方案》结合了生态科技的手段,体现了艺术与科学的结合。

设计竞赛作品的特色还有很多,但是应该清醒地看到,不少设计作品在逻辑合理性上、具体功能的解决上还有待进一步完善。

这次竞赛活动反映了近年来美术院校的建筑与环境艺术设计教学水平得到长足的发展,可喜可贺。祝愿相关的院校进一步发扬光大,为中国建筑教育的多元化、特色化发展作出更大的贡献。

目 录

综述	8
获奖作品名单	10
评奖花絮	14
一等奖作品	17
二等奖作品	35
三等奖作品	67
入围奖作品	99
参展作品	127

综　述

　　2004年，由中央美术学院建筑学院与中国建筑工业出版社发起，在中央美术学院召开了"第一届全国高等美术院校建筑与环境艺术设计专业教学研讨会"，引起了国内近20所相关院校的积极响应。这是很多年以来，建筑学专业重新回到美术院校后，联合环艺专业的师生所展开的第一次全国性的学术活动，具有开创性的意义。在相关院校和中国建筑工业出版社的积极支持下，这个活动被延续了下来。2005年秋，第二届研讨会在杭州浙江理工大学成功举办。2006年11月，第三届会议将在上海大学美术学院举办。为了更好地促进美术院校建筑及环境艺术设计专业师生的教学交流，在中央美术学院建筑学院、中国建筑工业出版社、上海大学美术学院建筑系的直接推动下，从第三届教学研讨会开始，举办全国相关院校建筑及环艺专业的学生作品展和教师成果展，两个展览每年互换，各为"双年"一次，由相关的会议承办学校主办。这就有了"第一届高等美术院校建筑与环境艺术设计专业学生作品双年展"的诞生。

　　从展览和竞赛的发起缘由来看，我们的"学生作品双年展"，更多地是突出其"双年"的含义，而非一般意义上的艺术双年展。因为我们对参赛作品的要求比较局限，主要以各院校的实际教学成果为主，其表现形式也只能以图版为主。当然，随着时间的推移，活动举办次数的积累，展览作品的内涵和表现形式逐渐转向实验性和先锋性也并不是不可能的事，毕竟美术院校的师生天性就比较敢于创新和制造特色。

　　在本次竞赛的组织过程中，我们得到了相关院校师生的大力支持，共收到来自于16所高等美术院校的108件参赛作品。作品的内容跨度较大，涵盖了建筑设计，景观设计，室内、外环境设计等方面，参赛学生包括了各校各个年级的本科生、研究生。

　　这次竞赛的评奖委员会组成兼顾了不同学科背景、不同专业领域、不同评价层面的相关人士。评奖委员会的主席由同济大学建筑城规学院的博士生导师卢济威教授担任，他是中国建筑教育的老专家，曾经担任同济大学建筑系主任。竞赛的评奖委员会成员中，有来自中国美术家协会艺术委员会的朱凡秘书长，有来自各美术院校的专家，还有来自中国建筑工业出版社和竞赛支持单位和成（中国）有限公司的相关领导。

　　整个竞赛的评奖程序采用严格的无记名投票方式。所有评委在仔细观摩了参展作品后，慎重地进行了三轮投票。最后评选出一等奖作品4件、二等奖作品8件、三等奖作品18件及入围奖作品27件。在评奖的过程中，评委会兼顾了获奖作品的代表性，尝试让获奖作品涵盖建筑及环境艺术设计专业的各个方面，使获奖作品尽量分布在建筑设计、村镇规划、室外环境和景观设计及室内设计等各个方面。

　　出乎许多评委的意料，从参展及获奖作品的整体表现来看，美术院校学生的作品虽然与传统理工院校学生的作品仍有一定的区别，但是在许多方面呈现出了较大的趋同性，这里面有积极的因素，也体现了一定的消极因素。从积极的一面来看，大部分美院学生的作品在向优秀传统理工院校的学生作品学习，其设计构思的逻辑性、图面表达的严谨性、技术手段运用的合理性等方面都有了长足的进步，因而其作品完成度也较高,颇像传统建筑"老八校"的优秀学生作业。从消极的一面来看,由于"趋同性"的出现,也导致了部分美院学生作业流于"程式化"和"商业化",图面漂亮却内容空洞,功能合理却毫无特点,失去了对张扬个性和独特创造性的追求。

但是,在大部分获奖作品中,我们还是看到了一些区别于传统工科院校学生的鲜明特质和专业素养,这是美院学生所具有的专业气质,是非常宝贵的特色。

与理工院校学生相比,美院学生的人文气质更加明显。由于人文精神的熏陶和人文意识的积淀,美院学生设计作品的选题、着眼点比较直接、深刻,其立意也往往能够直面相关的人际交往模式。如四川美术学院学生的一等奖作品《"新农村"——四川美术学院新校区"耍街"规划及建筑方案》和清华美术学院学生的二等奖作品《清华大学美术学院新环境景观改造》都立足于解决大学校园建筑的人文环境,并分别以"耍街"和场所中"学院感"的塑造为主要设计主线,做出了对原有环境的"颠覆性"改造,很好地解决了设计中的本质问题。人文气质的体现还表现在对社会问题和地域文化的敏感性上。如中央美术学院建筑学院学生的一等奖作品《城市交通综合体》就敏感地觉察到隐藏在城市交通问题背后的社会学问题,并提出了"一体化"的解决方案;西安美术学院学生的二等奖作品《城市下的院落——民间艺术收藏馆》则很好地结合了黄土高原地区所特有的地域文化,将传统空间元素与都市空间的营造相融合。

获奖作品中流露出来的美院特色还表现在动手能力方面。美院学生动手能力强通常表现在其徒手表现和模型表现能力方面。当然,在以前的很多场合,人们夸奖美院学生绘画能力强和比较喜欢做模型的"潜台词"往往是在说美院学生的设计不够成熟、不会图纸表达、不懂细部节点等等。但是,在这次的获奖作品中,我们欣喜地发现,美院学生的动手能力与设计作品的完成有着很好的结合度。例如,清华美术学院学生的一等奖作品《哈尔滨市何家沟两岸生态景观规划方案》以优美的徒手表达很好地阐述了其景观设计的"生态"效果,深深地打动了所有评委的心;上海大学美术学院的三等奖作品《桥非桥——建筑设计初步 装置设计》以其精湛的模型制作和形态语言,在设计作品中很好地体现了对材料、节点、制作手段的深刻理解和驾驭能力。

从"第一届高等美术院校建筑与环境艺术设计专业学生作品双年展"获奖作品的评选过程和结果来看,我们看到了相关美术院校在建筑及环境艺术设计专业方向上所积累的教学成果,看到了作为一个特殊的群体,美术院校的建筑教育正在逐渐形成鲜明的特色,其自身的体系性和学术性也正在完善,这也是中国建筑教育和设计教育"特色性"的生动体现。

为了"第一届高等美术院校建筑与环境艺术设计专业学生作品双年展"及其评奖活动的成功举办,我要感谢全国16所参展美术院校的支持,感谢活动的另外两家主办单位——中央美术学院和中国建筑工业出版社的全力投入,感谢双年展的支持单位——中国美术家协会,感谢双年展的资助单位——和成(中国)有限公司。

获奖作品名单

一等奖作品

"新农村"——四川美术学院新校区"耍街"规划及建筑方案
四川美术学院：吕明松　范鲁峰　彭超　凌瑜　陈噪

哈尔滨市何家沟两岸生态景观规划方案
清华大学美术学院：魏晓东　王蕾　李笑寒　朱婕等

"Platform for Spectacle"——城市综合体概念设计
上海大学美术学院：唐旭文

城市交通综合体
中央美术学院建筑学院：王志磊

二等奖作品

树林式图书馆——四川美术学院新校区图书馆概念设计
四川美术学院：徐珣

解构住宅——梦的碎片
东北师范大学美术学院：郭秋月　张玲　籍影　崔恒　罗广宇　栗功　郭天卓　孙旭　乔桐雨

随州"沁园"别墅单体建筑设计
湖北美术学院：陈俊杰　丁飞　龚克铭　刘腾　宋文杰　王垚　邹小康

触摸空间——深圳小梅沙滨海会所方案设计
鲁迅美术学院：卞宏旭

清华大学美术学院新环境景观改造
清华大学美术学院：张灿

单元·集成　生态型模数化小住宅设计
上海大学美术学院：姚以倩

生生不息的碾畔村
西安美术学院：谭明　郭贝贝　饶硕　降波　李一清　李静

城市下的院落——民间艺术收藏馆
西安美术学院：吴雪　曹旭辉

三等奖作品

G3301专营店概念设计
鲁迅美术学院：王冲

桥非桥——建筑设计初步 装置设计
上海大学美术学院：赵忠 邵恩 钱杨婷 沈婉婷 翁丹杰 李敏

别墅设计
中央美术学院建筑学院：胡娜

拼图世界
上海大学美术学院：任意立 郭佳 邓玲玲

深圳力响音响工业园区规划设计
鲁迅美术学院：胡书灵

城市历史地段改扩建
江南大学设计学院：刘佳

江汉平原生态农业景观——庙滩镇景观改造
湖北美术学院：吴珏 丁凯 王飞 郭凯 衣宵 邱杰 常娜 王维华

民主路西段步行街改造方案
湖北美术学院：杜媛 胡喜红 罗彬 汤晶 郑聪

低收入人群住房问题
湖北美术学院：柴磊 冯安莉 高超 胡俊 王芳 王玮

沟通无限
湖北美术学院：陈莉 杨洋

"拼贴城市"——重庆渝中区下半城（F、H）地块城市设计
四川美术学院：王平妤 周秋行 曾燕玲 李宛倪

"超链接"——四川美术学院新校区"耍街"规划及建筑方案
四川美术学院：丁小鲁 陈小霞 谢一雄 何祖君 王海燕

都市森林≠都市中的森林——望京北小河景观规划与设计
中央美术学院建筑学院：史洋

现代艺术设计事务所设计
上海大学美术学院：高贺

中国盒子 华夏媒体中心设计方案
东北师范大学美术学院：张玲

水上会所空间设计
江南大学设计学院：陈达扬

里弄闲隅
江南大学设计学院：孙鹏

清华大学与北京大学新"廊"与新"核"景观设计
清华大学美术学院：杨华

入围奖作品

十面埋伏之等高线的冥想——四川美术学院新校区图书馆设计方案
四川美术学院：冯胜南

重庆国泰大戏院和重庆美术馆概念设计
四川美术学院：张渝娟

现代理念·古典演绎
大连大学美术学院：李丹丹

沈阳地铁铁西广场站入口及站台设计
东北大学艺术学院：孙丹

衍室——关于有限空间的再创造的探讨
东北师范大学美术学院：籍颖　崔恒

空间与空间的对话
东北师范大学美术学院：罗广宇

金色领地
湖北美术学院：陈晓红　黄芳　张晓亮

湖美国际艺术交流中心
湖北美术学院：朱绍婷　付丛伟　童心　杨璇　杨晶晶

杭州临安锦溪地块邻里中心建筑及景观设计
江南大学设计学院：王威

2100 都市与交通
江南大学设计学院：朱萧木

辽宁丹东假日阳光 KTV
辽东学院艺术与设计学院：李建华

沈阳浑河景观带建筑及周边规划
鲁迅美术学院：宋蕾

广东中山现代军事博物馆
鲁迅美术学院：于博

赤峰市锡伯河两岸用地规划
鲁迅美术学院：张林林

合肥新天地商业街改造
鲁迅美术学院：赵时珊

碧罗塔酒吧主题公园景观设计
鲁迅美术学院：周晓辉

修复与更新——哈尔滨何家沟开放式公园景观设计
清华大学美术学院：高婷

济南市植物园——"白蜡林"改造提案
山东工艺美术学院建筑与景观设计学院：薛方旭　张锋　张燕　高大鹏

"Platform for Spectacle"——城市综合体概念设计
上海大学美术学院：刘子凡

电影建筑实验之住宅
上海大学美术学院：王臣

综合楼概念设计
上海大学美术学院：张翼飞　黄旭

综合楼设计——沐恩堂周边商业建筑的设计
上海大学美术学院：朱丽莎　朱怡文

自然的回归——某风景区度假酒店设计
上海大学美术学院：解伦　葛德威

滨海军事主题公园
天津美术学院：蒋博　张晨　张金猛

山东胶州市三里河广场公园景观设计方案
浙江理工大学艺术与设计学院：朱振兴　邵智彬

城市广场设计
中央美术学院建筑学院：李骘

幼儿园设计
中央美术学院建筑学院：谭银莹

评奖花絮

第一届全国高等美术院校建筑与环境艺术设计专业学生作品双年展

一等奖作品

1 ST PRIZE

村中城 城中村

农村是一个充满生机与人情味的地方，
大学城是对农村的否定——生成一个冷漠的城市
耍街是在城市中创造的一个"**社会主义新农村**"！

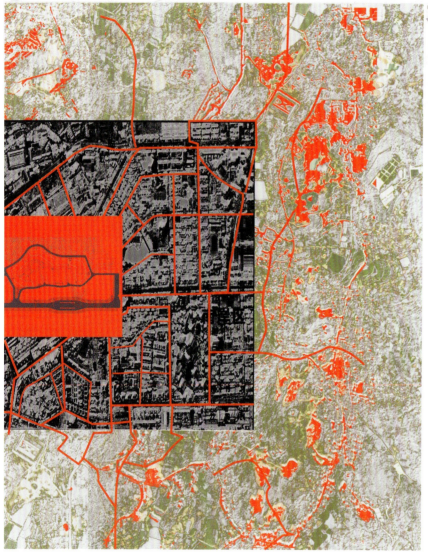

否定之否定

农 村
"原生态的村"

村子是生长出来的，是时间的沉淀，是被时间雕刻出来的作品。大学城所在地虎溪是典型的原生态村落，新的城市建设将给它带来巨大的转变。原生态的"村"将转变为规划的城市。

大学 城

大学城是城的特例，但与城存在着共性。它缺少连续的界面和空间，交往氛围的聚合空间也出奇的少。它也是点对点的、规划的、单一独立的、冷漠的。作为城的特例，有其可识别性，有其独特感觉形象。

城中的四川美术学院将建设集教学、管理、独立创作、休闲娱乐等多种现代功能的综合校区。

新农 村 耍街

"耍街"是大学城里面还原的精神生活形态下的"村"，是"村"对"城"的一次否定，是否定之否定，是对物质生活充足，精神生活失重的"城"的一次反思。在这个过程中又包含我们对"'城'对'原生态的村'的否定"的反思。即**两次否定与两次反思**。

"耍街"将是拟建为集商业、文化、休闲、旅游为一体的特色街，建成后将成为大学城几十万学生、教职员工及周边企业中高管提供服务的步行街合城市空间亮点、具有全国影响的**前卫建筑群体**。

项目位于四川美术学院虎溪新校区的南端，设计用地是沿新校区大门东侧一段将近300米的狭长地带，项目用地面积17810平方米，总建筑面积16000平方米。该基地原为东向自然坡地，地势平坦，相对高差约9米，南靠公路，紧邻重庆大学校区。规划场地西北面为学生宿舍、广场及各类球场。

"新农村"——四川美术学院新校区"耍街"规划及建筑方案

作者：吕明松　范鲁峰　彭超　凌瑜　陈嗥
指导老师：黄耘
四川美术学院
一等奖作品

此村非彼村……

空间格局

传统街巷的空间格局使由合院——街巷——合院构成固定关系，形成连续的街巷界面。街巷空间使集市的载体，它包融了丰富的群体行为，可创造空间的多种可能性。

街道

传统街巷两边的建筑将人围合在一个特定空间内，这种空间的圈定实际上是将人的思想集中在某种文化行为和经济行为上。要街将这些特性"格式化"，规范与强化人在街巷中的行为。

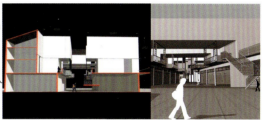

院落

合院是"家"的概念，是一个内聚的空间，这种内聚的心是开敞的、通透的、不设防的；外向是封闭的、防御性的。要街将这种空间特性的本质抽去，而留下其形式的外壳，并以这种外壳来包装适合艺术家工作与生活的环境。

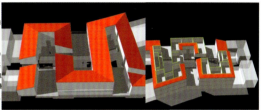

戏台、村公所

戏楼、村公所是传统街巷的精神中心，也是非物质文化得以表现的舞台，它是心灵与现实空间转换的节点，也是激发人们无限创作和表现的空间，让人觉得高高在上，给人以崇高、轻盈的空间感受。

建筑符号

地方材质与传统建筑的结构体系造就了看似孤立又合乎逻辑的建筑符号。要街将这些符号重组、与建筑功能重组、重新阐释了这些符号，从本质维承这些符号与建筑本质的内在联系，将表皮与功能完美契合。

牌坊

实传统道德的象征，这种与人群给予的荣誉、以前人的规范作为行动指南。要街的牌坊是"未建成"的牌坊，它将由有号召力的艺术家逐步完成，以启发后人的艺术思维，这就是现代牌坊的重新定义。

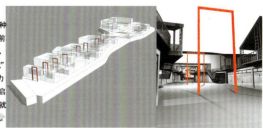

"新农村"——四川美术学院新校区"耍街"规划及建筑方案

作者：吕明松　范鲁峰　彭超　凌瑜　陈噪
指导老师：黄耘
四川美术学院
一等奖作品

"社会主义新农村"

图例：
- 商业及餐饮（建筑面积4500平方米）
- 旅馆（建筑面积4000平方米）
- 酒吧（建筑面积1630平方米）
- 高级商务会所（建筑面积1400平方米）
- 垂直交通
- 山体景观
- 艺术工作室（建筑面积4750平方米）
- 戏楼
- 休闲平台（建筑面积1500平方米）

经济技术指标
总用地面积 17810平方米
建筑基底面积 8521平方米
总建筑面积 16075平方米
容积率 0.9
建筑密度 47%

图例：
- 水平交通
- 休闲平台
- 垂直交通
- 内街水平交通
- 天街流线
- 入口

"新农村"——四川美术学院新校区"耍街"规划及建筑方案

作者：吕明松　范鲁峰　彭超　凌瑜　陈噪

指导老师：黄耘

四川美术学院

一等奖作品

"新农村"—— 四川美术学院新校区"耍街"规划及建筑方案

作者：吕明松　范鲁峰　彭超　凌瑜　陈嗥
指导老师：黄耘
四川美术学院
一等奖作品

设计说明

1. 该项目位于四川美术学院虎溪新校区的南端，设计用地是沿新校区大门东侧一段将近300m的狭长地带，项目用地面积17810m²，总建筑面积16000m²。该基地原为东向自然坡地，地势平坦，高差约9m，北靠公路，紧邻重庆大学校区。

2. "耍街"作为新大学城的"村落"与原区域内的农村发生了戏剧化的置换，所以它们之间也必然存在某一种，或者多种有趣或者有意义的联系。"耍街"这个"城中村"与"原生态的村"不管是在空间上还是行为上更是存在着极强的类比关系。

大学城的"耍街"作为新型"城中村"，它不是对传统村落、街道的复制、拷贝，它是对物质生活形态下传统的村的组织的解构、抽象、重组精神生活形态下的"村"。建筑设计中将传统村落的空间格局、街道、合院、戏楼、村公所、建筑符号、牌坊等要素进行的现代空间演绎，从传统川渝民居中抽取了设计创意源进行解构，用现代手法加以诠释。这就是所谓的"新农村"。

专家点评

作品的立意来源于环境中的特定事件——"耍街"，其出发点是为了颠覆许多新建大学建筑所具有的冷漠感。设计结合合院、街道牌坊等空间语言，巧妙地使用了竹子格栅表皮等乡土材料，并充分利用地形，形成了包括村公所、水吧、老道台等内容的"集市"环境，制造了充满人文气氛的校园空间。

"新农村"——四川美术学院新校区"耍街"规划及建筑方案

作者：吕明松　范鲁峰　彭超　凌瑜　陈嗥
指导老师：黄耘
四川美术学院
一等奖作品

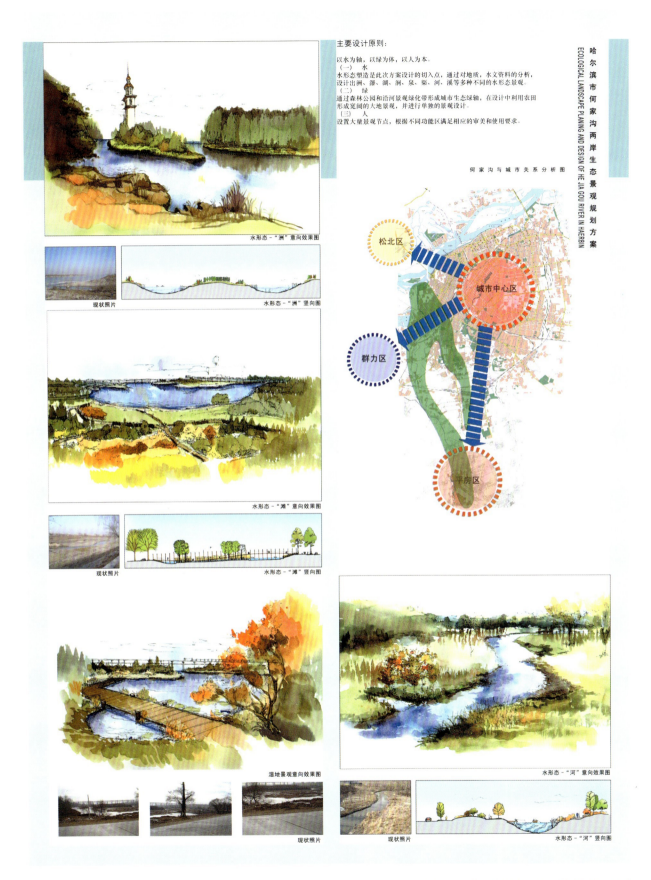

哈尔滨市何家沟两岸生态景观规划方案
ECOLOGICAL LANDSCAPE PLANING AND DESIGN OF HE JIA GOU RIVER IN HAERBIN

主要设计原则：

以水为轴，以绿为体，以人为本。
（一）水
水形态塑造是此次方案设计的切入点，通过对地质、水文资料的分析，设计出洲、瀑、湖、涧、泉、渠、河、溪等多种不同的水形态景观。
（二）绿
通过森林公园和沿河景观绿化带形成城市生态绿轴，在设计中利用农田形成宽阔的大地景观，并进行单独的景观设计。
（三）人
设置大量景观节点，根据不同功能区满足相应的审美和使用要求。

哈尔滨市何家沟两岸生态景观规划方案
作者：魏晓东　王蕾　李笑寒　朱婕等
指导老师：苏丹　宋立民
清华大学美术学院
一等奖作品

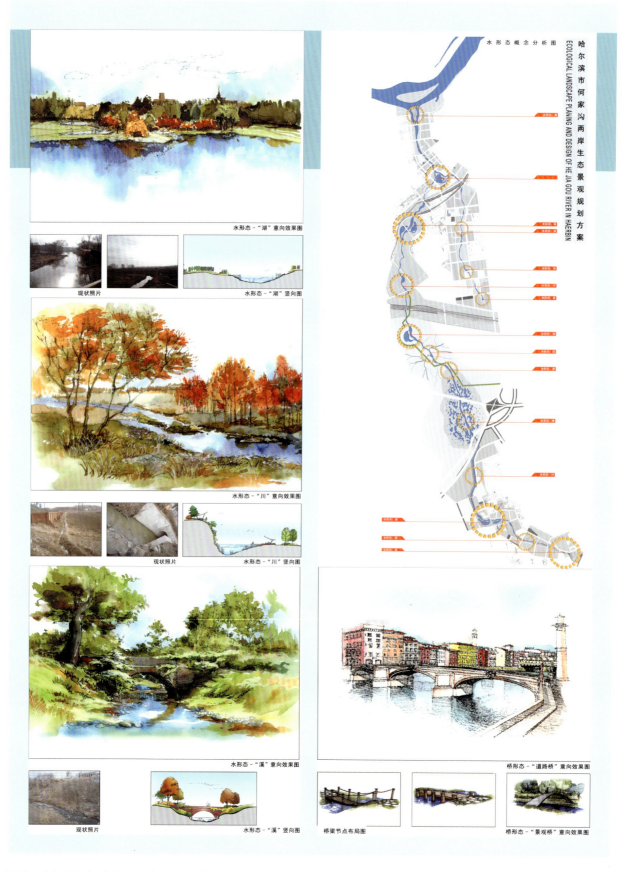

哈尔滨市何家沟两岸生态景观规划方案

作者：魏晓东　王蕾　李笑寒　朱婕等
指导老师：苏丹　宋立民
清华大学美术学院
一等奖作品

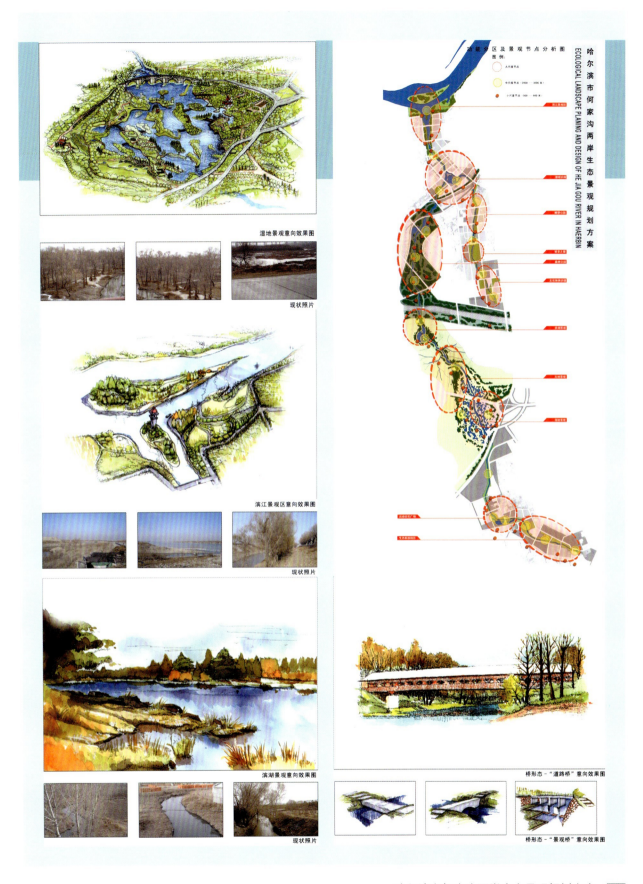

哈尔滨市何家沟两岸生态景观规划方案

作者：魏晓东　王蕾　李笑寒　朱婕等
指导老师：苏丹　宋立民
清华大学美术学院
一等奖作品

哈尔滨市何家沟两岸生态景观规划方案

作者：魏晓东　王蕾　李笑寒　朱婕等
指导老师：苏丹　宋立民
清华大学美术学院
一等奖作品

专家点评

作品以生态角度来进行景观设计,充分利用了基地范围内的湿地和农业景观,结合恰当的科技手段,形成了颇具田园风格的生态公园。作品的表现技法纯熟,图面效果生动。

哈尔滨市何家沟两岸生态景观规划方案
作者:魏晓东 王蕾 李笑寒 朱婕等
指导老师:苏丹 宋立民
清华大学美术学院
一等奖作品

现状分析 / 未来预计

陆家嘴金融区

浦东大道
银城路
东泰路
地铁二号线

东方明珠电视塔

金茂大厦
本项目基地
环球金融中心（在建）

现阶段浦东陆家嘴地区产业结构分析图

地块调查 分析 预计 结论表

本概念设计以浦东陆家嘴地区为研究对象，基地位置靠近金茂大厦与环球金融中心（在建中），经过对浦东陆家嘴地区的交通、功能结构、现有人口的经济消费水平的调查研究发现就目前而言该地块所容纳的功能能够基本满足现有的需要，但是正"如现阶段浦东陆家嘴地区产业结构分析图"所示该地块目前在高科技与文化传媒这两个方面是比较欠缺的，根据目前该地块多为公司白领、附近居民与正在从事建筑行业的建筑工人，该地块贫富差距严重，自然在文化上的需求并非十分迫切，但是根据该地块的发展走势来看，有大量的景观住宅正在建设中，且针对社会中上层人士，所以在未来十年内该地块的消费水平会有剧烈的变化，转向会对文化娱乐的需求增大，并且该地块与上海的人民广场有地铁相连，交通便捷，人民广场作为上海主要的文化休闲的场所之一，在传统艺术活动上有它的先天条件，所以在本基地的功能将以高科技为主的文化娱乐功能为主，以适应时代的需求。

综上所诉，我在本基地拟建一座以多媒体创意产业开发为主导功能的集产业开发，成果展览，公众交流，住宿，娱乐为一体的高层建筑。在功能联系上考虑到设计人员的实际情况如交流方案，单独思考，工作习惯这些于其他领域不一样的状况提出了层叠式的单元为主的建筑空间，每一个公司或设计团队能够以上下层为一个单位进驻，并同时配以大空间的成果展示，接待社会各界人士，彻底打破现代艺术与寻常百姓间的距离。在小空间上以单间并且配以住宿的空间来适应生活习惯颠倒的设计人员。公共空间有效性的试验型剧场，小型的博物馆有垂直方向的展示空间，并且附属饮食等功能，营造一个为未来时代而设计的艺术交流中心。

在"地块调查 分析 预计 结论表"得出本设计以现有的写字楼相比在功能上会多出54%的功能，换言之就是在100%的空间中如何置入154%的功能，这也是本设计采取叠层的概念原因之一。

经过上述分析，本概念设计提出三个关键词即时间—剥离—折叠。希望用这种方式能够达到在100%的空间中置入154%的功能。

办公 30%
商业 8%
会议 6%
住宿 1%
展览 32%
博物馆 12%
剧院 11%
绿地

城市综合体设计 I

"Platform for Spectacle"——城市综合体概念设计

作者：唐旭文
指导老师：陈庆豪
上海大学美术学院
一等奖作品

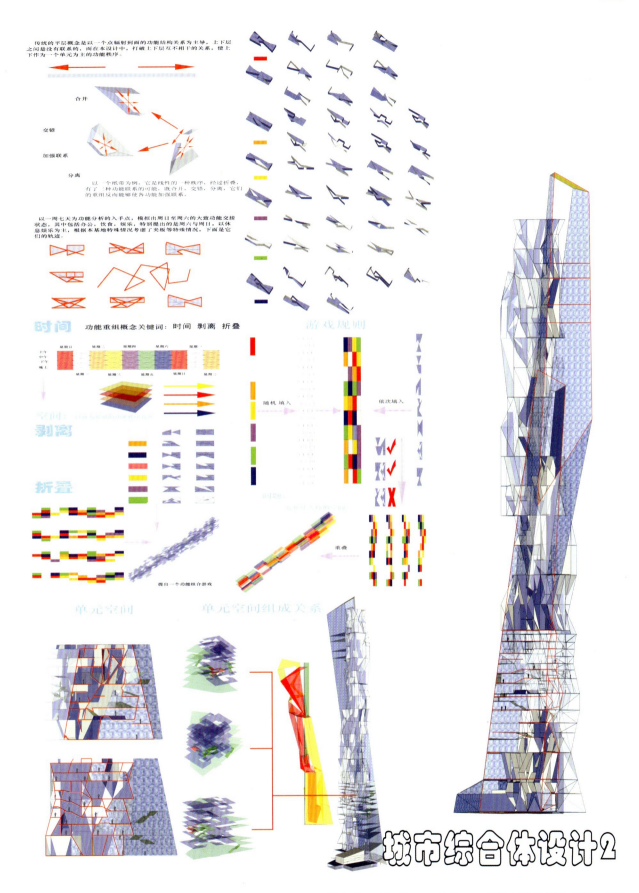

城市综合体设计2

"Platform for Spectacle" —— 城市综合体概念设计

作者：唐旭文
指导老师：陈庆豪
上海大学美术学院
一等奖作品

设计说明

通过对陆家嘴地区功能结构研究提出三个概念关键词：时间、剥离、折叠，进行超高层概念设计。

专家点评

作品的价值并不在于其最后的结果，而是其流露出来的设计过程。设计从大量的实地调研、综合分析入手，充分考虑了基地环境的交通流量、功能需求、社会发展等诸因素，很好地演绎了以量化分析为依据的探索性思维设计的过程。

"Platform for Spectacle" —— 城市综合体概念设计

作者：唐旭文
指导老师：陈庆豪
上海大学美术学院
一等奖作品

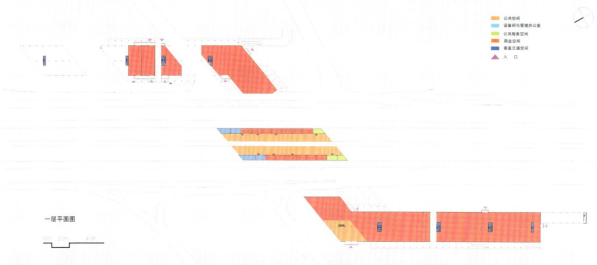

城市交通综合体

作者：王志磊
指导老师：周宇舫
中央美术学院建筑学院
一等奖作品

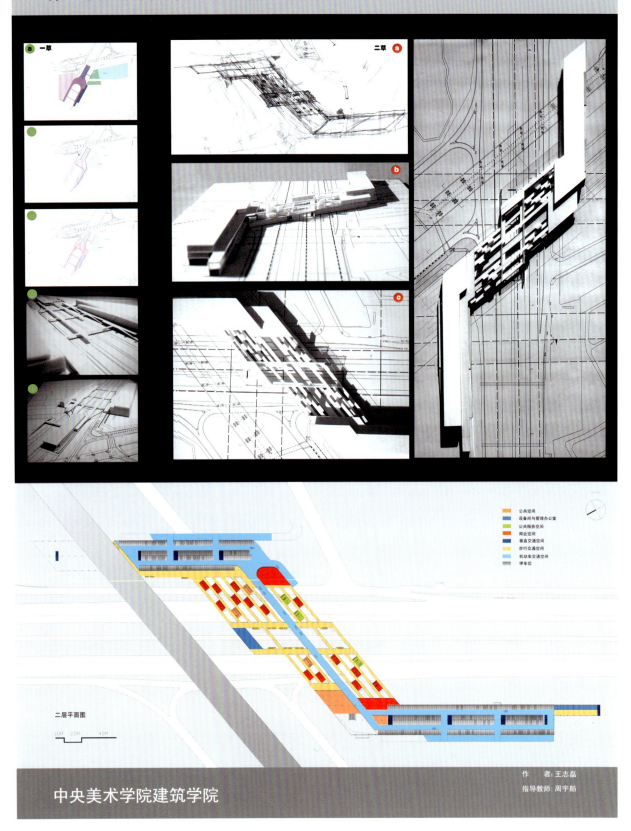

城市交通综合体

作者：王志磊
指导老师：周宇舫
中央美术学院建筑学院
一等奖作品

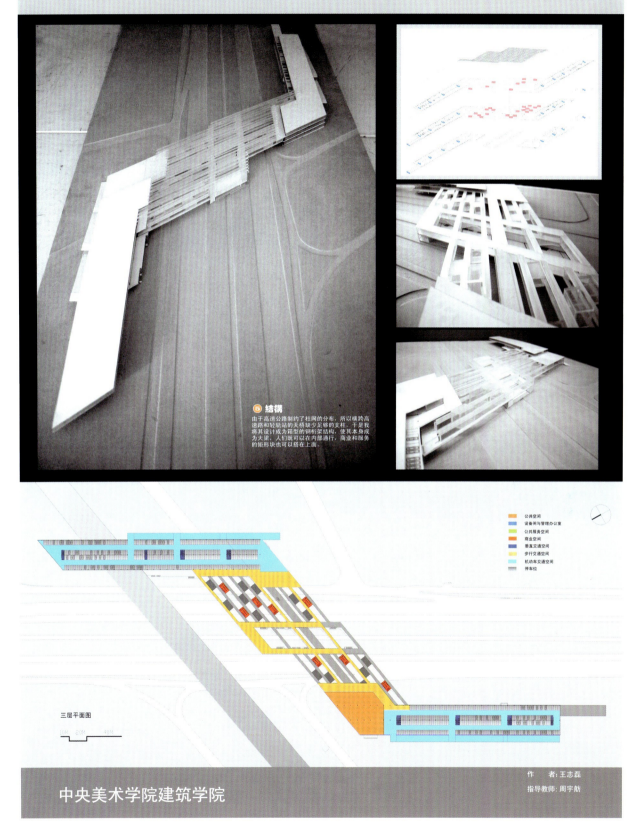

城市交通综合体
作者：王志磊
指导老师：周宇舫
中央美术学院建筑学院
一等奖作品

设计说明

对城市交通综合体这一命题，不妨拆解为三个词组："城市"、"交通"、"综合体"。"城市"的属性决定了命题的复杂性，而"交通"则带来了巨大的机遇，"综合体"则意味着功能的复合与交叉。带着这三个前提，我将视点投向城市的主要节点。

我呼应了高速公路和立交桥的线性关系，将三个体量的位置错开，这样轻轨站夹在当中，平台广场成为换乘的必经之路，其人流量会大大的增加。从城市取样的思考中，我整合了广场和天桥的空间形式，将大平台归纳为通过空间和停留空间。在停留的空间中布置各种公共服务设施和过境商业，至此，设计的雏形初见端倪。随着设计的深化，功能的布置也作出很大调整，我将商业和停车场的功能混合，分别置于道路两侧，这样既照顾了两侧的人群，同时也形成了巨大的人流对冲，使得中间部分的价值大增。计程车也可以通过天桥直接到达轻轨车站的上方，进一步方便了换乘。插在中间部分的方盒子承担了商业和服务功能，在此逗留的人们可以俯视脚下的车流，获得奇特的空间感受。建成后的交通综合体，重新疏通了被高速公路切断的血脉，最大限度的发挥交通枢纽带来的巨大的附加价值，会使得望京西站焕发出惊人的活力。

在结构的考虑上，由于高速公路制约了柱网的分布，所以横跨高速路和轻轨站的天桥缺少足够的支柱，于是我将其设计成为箱型的钢桁架结构，使其本身成为承重的箱型梁，人们既可以在内部通行，商业和服务的矩形块也可以依附在上面，在取得奇特的空间体验的同时，解决了结构的难题。

专家点评

作品着眼于处理和解决许多特大型城市所特有的人流"潮汐现象"，由交通问题出发，深入至社会问题、城市问题。设计采用了实地进行的社会学调研，以一个多角色的交通枢纽一体化地解决了市民轻轨换乘、上下班购物等多项活动的需求。

城市交通综合体
作者：王志磊
指导老师：周宇舫
中央美术学院建筑学院
一等奖作品

第一届全国高等美术院校建筑与环境艺术设计专业学生作品双年展

二等奖作品

2nd PRIZE

树林式图书馆——四川美术学院新校区图书馆概念设计

作者：徐珣
指导老师：钟洛克
四川美术学院
二等奖作品

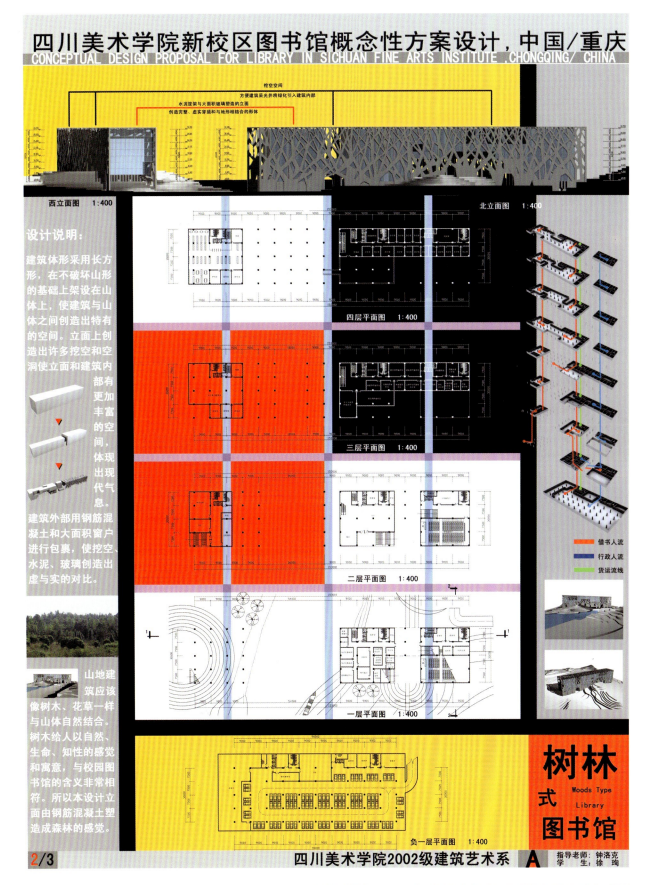

树林式图书馆——四川美术学院新校区图书馆概念设计

作者：徐珣
指导老师：钟洛克
四川美术学院
二等奖作品

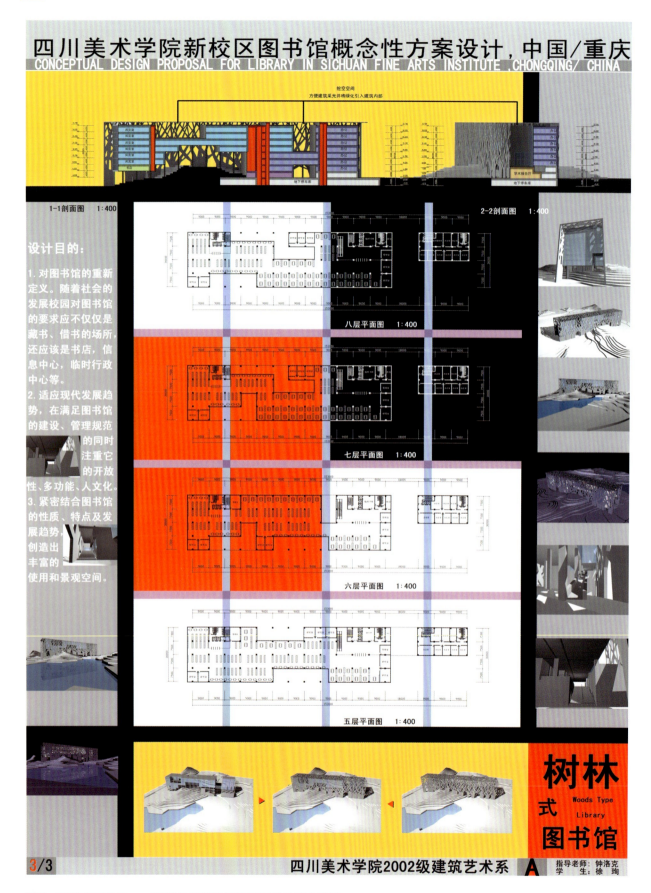

树林式图书馆——四川美术学院新校区图书馆概念设计

作者：徐珣
指导老师：钟洛克
四川美术学院
二等奖作品

设计说明

设计用地位于重庆市沙坪坝区大学城，四川美术学院新校区内，是整个校区内景观最好的区域。建筑体形采用长方形，在不破坏山形的基础上架设在山体上，使建筑与山体之间创造出特有的空间。立面上创造出许多挖空和空洞使立面和建筑内部更加丰富。建筑外部用钢筋混凝土和大面积窗户进行包裹，使挖空、水泥、玻璃创造出虚与实的对比。

专家点评

作品表现出与环境的良好关系，其建筑表皮通透性的概念较有特色。如能更好地处理建筑的基面及相关的交通流线，则能更紧密地结合地形。

树林式图书馆——四川美术学院新校区图书馆概念设计
作者：徐珣
指导老师：钟洛克
四川美术学院
二等奖作品

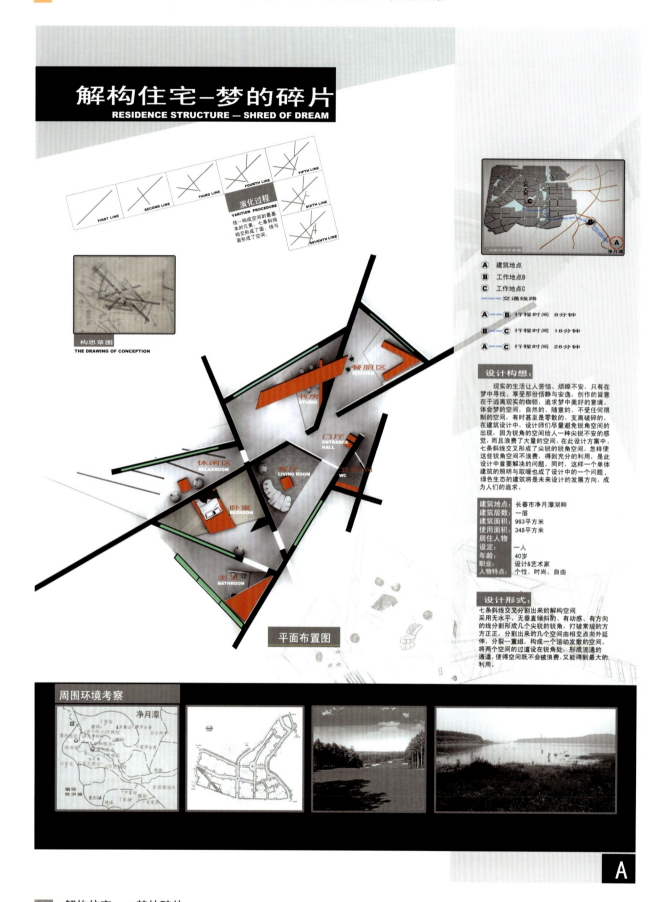

解构住宅——梦的碎片

作者：郭秋月　张玲　籍影　崔恒　罗广宇　栗功　郭天卓　孙旭　乔桐雨
指导老师：王铁军
东北师范大学美术学院
二等奖作品

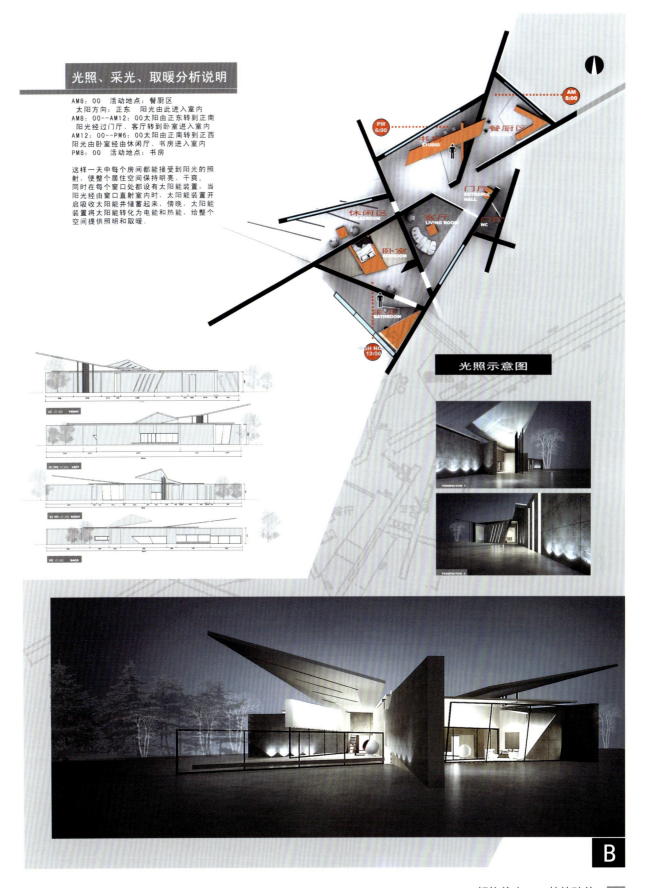

解构住宅——梦的碎片

作者：郭秋月　张玲　籍影　崔恒　罗广宇　栗功　郭天卓　孙旭　乔桐雨

指导老师：王铁军

东北师范大学美术学院

二等奖作品

解构住宅——梦的碎片

作者：郭秋月 张玲 籍影 崔恒 罗广宇 栗功 郭天卓 孙旭 乔桐雨
指导老师：王铁军
东北师范大学美术学院
二等奖作品

设计说明

采用无水平、无垂直、倾斜的、有动感、有方向的线分割形成几个尖锐的锐角，打破常规的方方正正，分割出来的几个空间由相交点向外延伸，分裂——重组，构成一个运动发散的空间。将两个空间的过道设在锐角处，形成流通的通道，使得空间既不会被浪费，又能得到最大的利用。

功能：

内部空间依然采用不对称手法，使这些锐角空间获得功能的最大满足，创造空间的流动性。它共划分出门厅、卫生间、客厅、卧室、主卫、书房、休闲区、餐厨区这八个空间，各个空间融汇贯通，连成一体。

意境：

由交点发散出来的各个空间，都有一面朝向室外的大窗，向自然延伸、扩张，与自然紧密地结合，创造出一种放松、自然、使人置身于户外的感觉。内部空间采用了暗藏光带的照明方式,将各个墙体之间处理成虚与实交相呼应的感觉。

专家点评

作品呈现了设计者创意性的思考,以不对称的空间规划及空内设计贯穿整个量体，创造出有趣而个性化的空间。作品设计由内而外，其室内空间的处理相当成功,功能空间及家具布置合理,显示了设计者在室内空间处理上具有娴熟的驾驭能力。但整体的实用性较低，较为遗憾。

解构住宅——梦的碎片

作者：郭秋月　张玲　籍影　崔恒　罗广宇　栗功　郭天卓　孙旭　乔桐雨
指导老师：王铁军
东北师范大学美术学院
二等奖作品

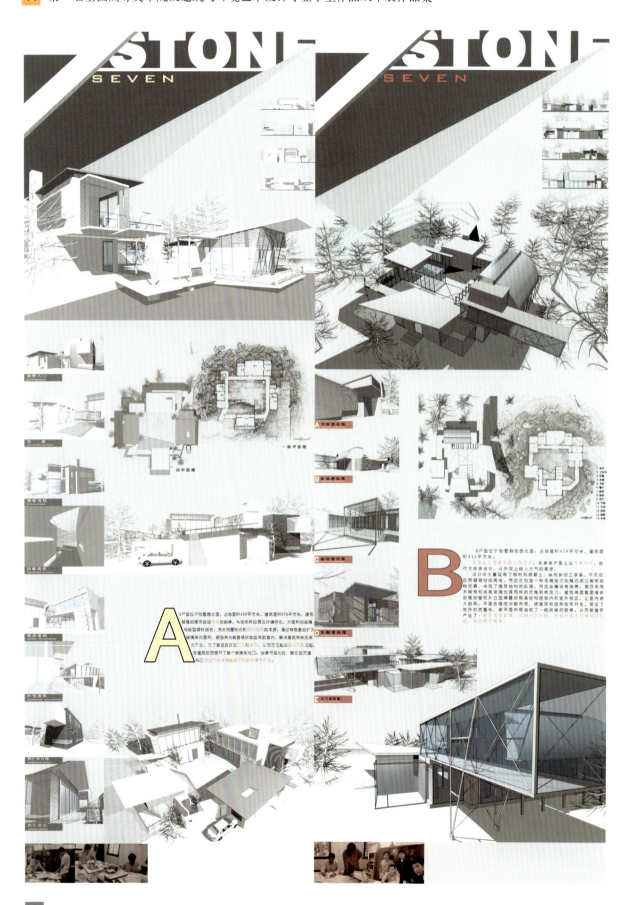

随州"沁园"别墅单体建筑设计

作者:陈俊杰 丁飞 龚克铭 刘腾 宋文杰 王垚 邹小康

湖北美术学院

二等奖作品

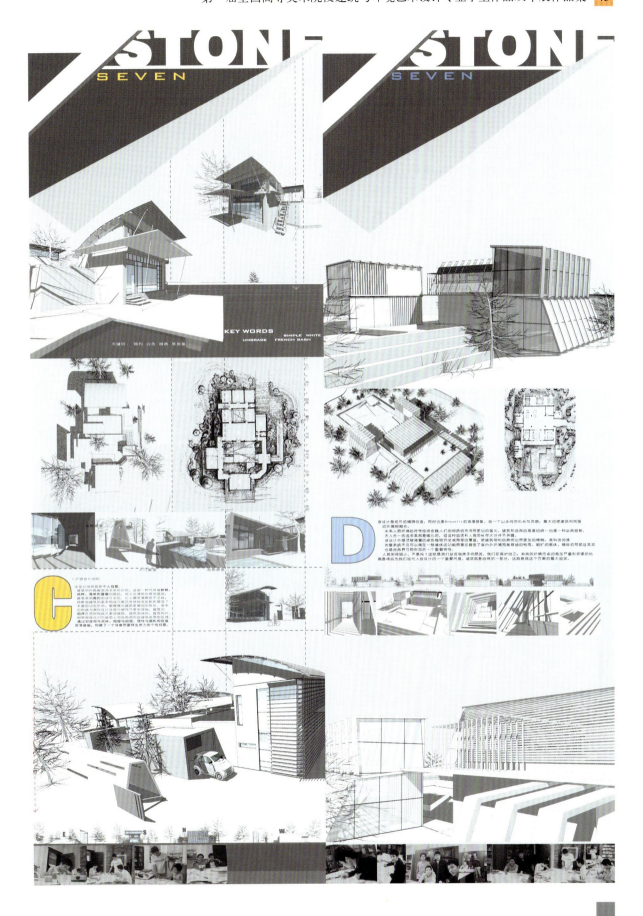

随州"沁园"别墅单体建筑设计

作者：陈俊杰　丁飞　龚克铭　刘腾　宋文杰　王垚　邹小康
湖北美术学院
二等奖作品

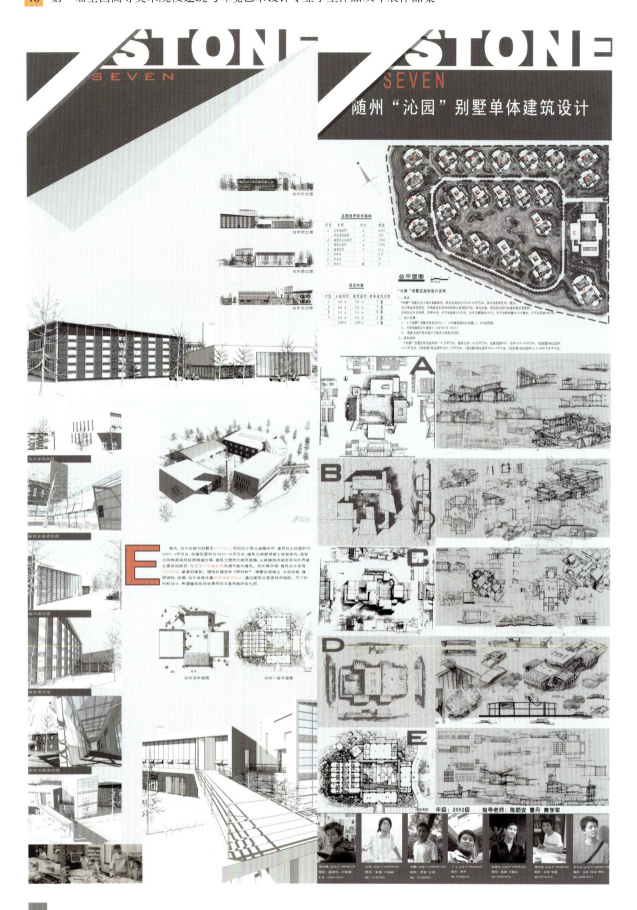

随州"沁园"别墅单体建筑设计

作者：陈俊杰 丁飞 龚克铭 刘腾 宋文杰 王垚 邹小康

湖北美术学院

二等奖作品

专家点评

作品表达及图纸效果精致、生动,建筑设计尺度宜人,与环境结合紧密,体现了良好的建筑及环境设计把握能力。

随州"沁园"别墅单体建筑设计

作者:陈俊杰 丁飞 龚克铭 刘腾 宋文杰 王垚 邹小康
湖北美术学院
二等奖作品

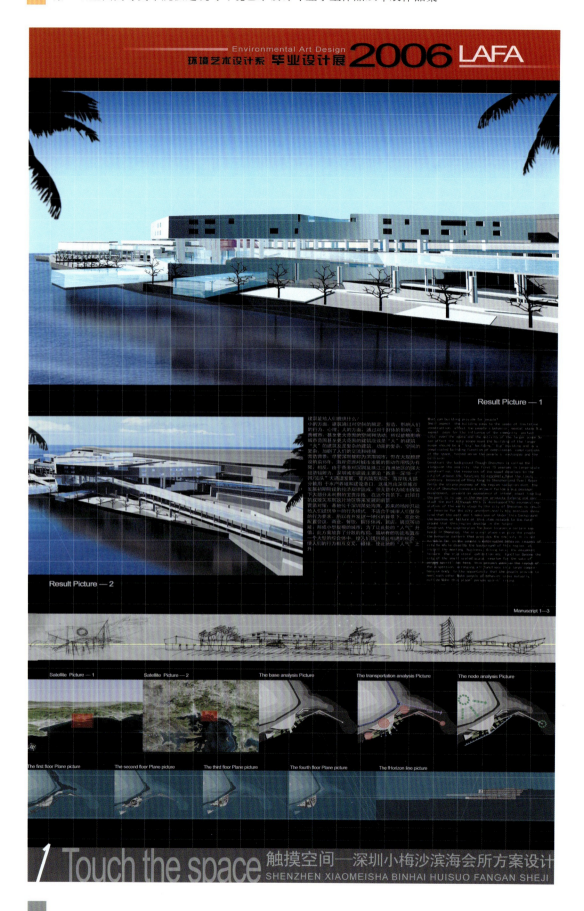

触摸空间——深圳小梅沙滨海会所方案设计

作者：卞宏旭
鲁迅美术学院
二等奖作品

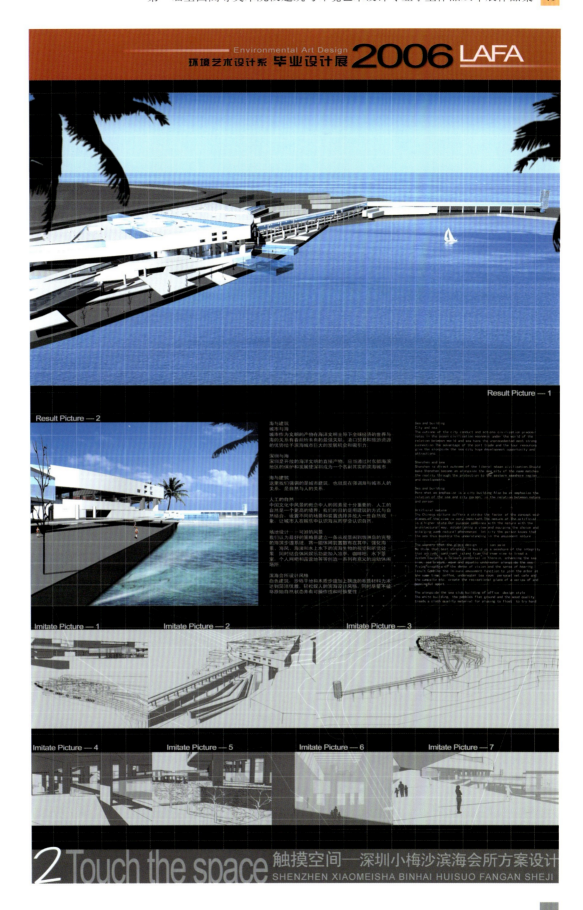

触摸空间——深圳小梅沙滨海会所方案设计

作者：卞宏旭
鲁迅美术学院
二等奖作品

触摸空间——深圳小梅沙滨海会所方案设计

作者：卞宏旭
鲁迅美术学院
二等奖作品

触摸空间——深圳小梅沙滨海会所方案设计

作者：卞宏旭
鲁迅美术学院
二等奖作品

专家点评 朱凡

作品的整体形态较好，体量合理，表现出很强的亲水性。如能充分考虑滨水区的公共利用可能性的话，将会更好地兼顾社会问题。设计图面表达技巧较好，表达内容完整生动。

触摸空间——深圳小梅沙滨海会所方案设计

作者：卞宏旭
鲁迅美术学院
二等奖作品

ACADEMY OF ARTS AND DESIGN, TSINGHUA UNIVERSITY
清华大学美术学院新环境景观改造

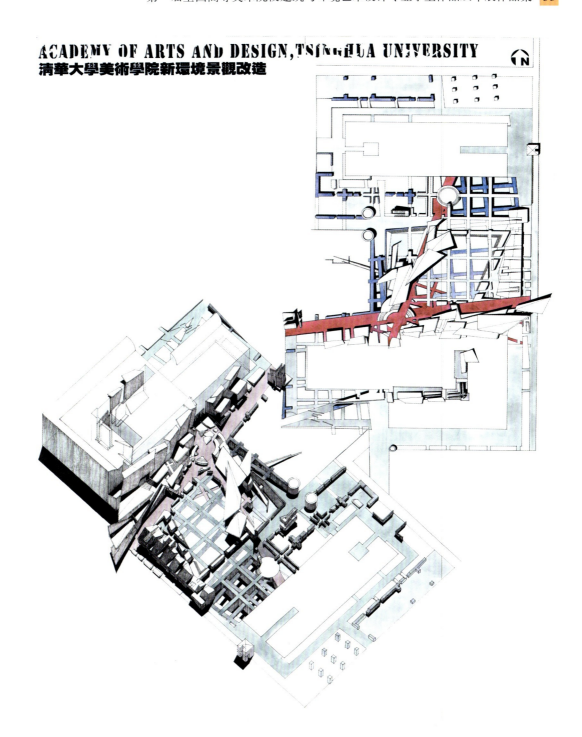

思路 理念.美院新环境中"固有环境意向"的表现
延续和表现的重点不是外部的形式而是场所中所进行的行为方式与场所之间的关系。

这是清华大学校园不断扩展的一个场所，处于白区的边界，是发展的延续，整个主楼周边发展的场地都处在一个网格式的规划中。美术学院的建筑及环境也处于这样一个格网之中。格网延伸了近些年发展的脉络，是不断扩张，也代表了清华大学校园的文化性格。同时场所也是清华大学规划与北京市规划之间一个矛盾的交点。
在场地中做旧环境的延续必然有一个冲突在里面，两种模式在文化和空间上都有冲突。将美术学院新场地周边的道路和建筑边缘线作一个延伸，在场地上形成一个格网。美术学院旧场所归纳出的空间模式叠加在上面。联系清华大学发展的脉络，不是顺从，是对抗。有矛盾的存在就有不断的发展。保留场地的矛盾，也就有了生命力。最后，在空间模式上找到老工艺美院的环境节点恢复。两种空间模式叠加以后，冲突，对抗归纳出的场地碎片形成老的美术学院意向中的下沉广场，外向的展厅，对外的画廊。并且在场地中标出原先植物的点，在旧美术学院拆除时分批移植过来。旧建筑的砖瓦可以作为铺地填满格网，使美术学院新场地的文脉有一个起点。

清华大学美术学院新环境景观改造
作者：张灿
指导老师：苏丹 方晓风
清华大学美术学院
二等奖作品

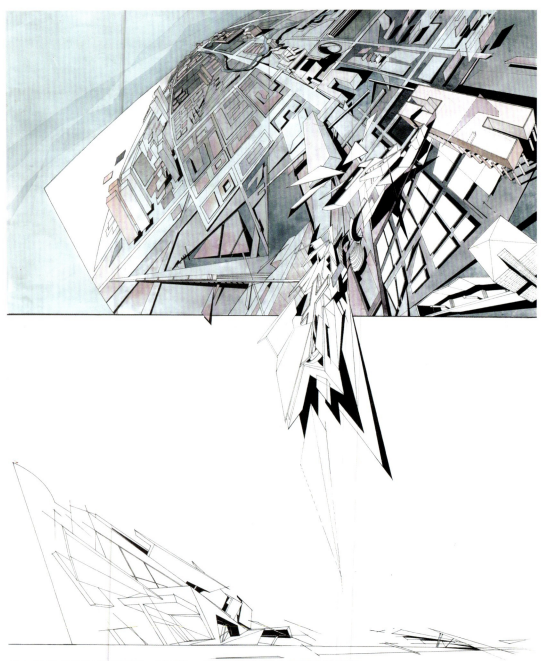

歷史軸綫 發展軸綫的斷點 周圍的一切環境要素確定了場地的性質

清华大学美术学院新环境景观改造

作者：张灿

指导老师：苏丹　方晓风

清华大学美术学院

二等奖作品

環境的變遷
依然是欲望的场所 无论建成还是未建成 都同样影响着身边的一切

原场所的关系

叠加上旧场所的关系

关系的整合

旧场所拆除后
植物，建筑红砖迁移过来的安置点位

分析位于东三环原美术学院的旧场所：
空间关系：院落感很强，基本上是一个围合的关系。院落的中心是一块运动场，四周是道路。运动场与道路分割是一圈爬满植物的围网，视觉上场内外有了一个渗透；加上周边的建筑，无形中，道路有了廊的属性。周边高起的建筑使得中心的场地成为一个室内外望的视觉中心。建筑入口之间的连线是交流的中心。院落不大，但空间形式丰富。人与环境的关系，人处于一种看与被看，展示与被展示的地位，是环境中的一个重要的因素。人在这里不再只是一个路过或旁观者。整个环境是一个人和作品的展区。

清华大学美术学院新环境景观改造

作者：张灿
指导老师：苏丹　方晓风
清华大学美术学院
二等奖作品

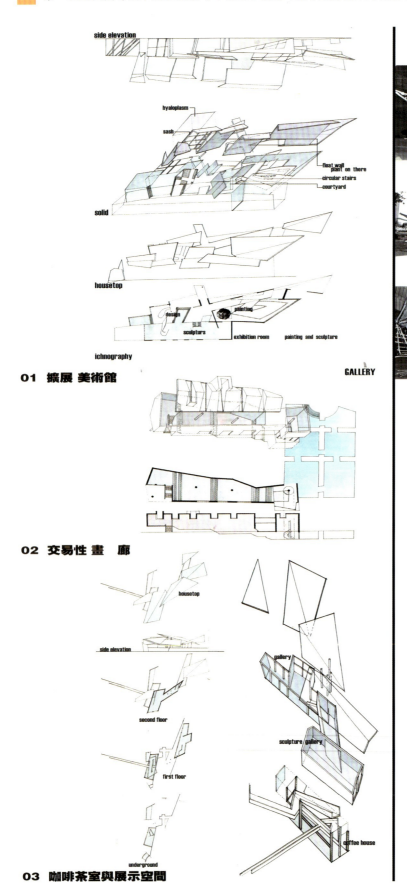

01 擴展 美術館

02 交易性 畫 廊

03 咖啡茶室與展示空間

清华大学美术学院新环境景观改造

作者：张灿

指导老师：苏丹　方晓风

清华大学美术学院

二等奖作品

设计说明

　　这是清华大学校园不断扩展的一个场所，处于白区的边界，是发展的延续，整个主楼周边发展的场地都处在一个网格式的规划中。美术学院的建筑及环境也处于这样一个格网之中。格网延伸了近些年发展的脉络，是不断扩张，也代表了清华大学校园的文化性格。同时场所也是清华大学规划与北京市规划之间一个矛盾的交点。在场地中做旧环境的延续必然有一个冲突在里面，两种模式在文化和空间上都有冲突。将美术学院新场地周边的道路和建筑边缘线作一个延伸，在场地上形成一个格网。美术学院旧场所归纳出的空间模式叠加在上面。联系清华大学发展的脉络，不是顺从，是对抗。有矛盾的存在就有不断的发展。保留场地的矛盾，也就有了生命力。最后，在空间模式上找到老工艺美院的环境节点恢复。两种空间模式叠加以后，冲突、对抗归纳出的场地碎片形成老的美术学院意向中的下沉广场，外向的展厅，对外的画廊。并且在场地中标出原先植物的点，在旧美术学院拆除时分批移植过来。旧建筑的砖瓦可以作为铺地填满格网，使美术学院新场地的文脉有一个起点。

　　空间关系：院落感很强，基本上是一个围合的关系。院落的中心是一块运动场，四周是道路。运动场与道路分割是一圈爬满植物的围网，视觉上场内外有了一个渗透；加上周边的建筑，无形中，道路有了廊的属性。周边高起的建筑使得中心的场地成为一个室内外望的视觉中心。建筑入口之间的连线是交流的中心。院落不大，但空间形式丰富。人与环境的关系，人处于一种看与被看，展示与被展示的地位，是环境中的一个重要的因素。人在这里不再只是一个路过或旁观者。整个环境是一个人和作品的展区。

专家评论

　　作品的立意来源于对清华美院新楼环境的反思。设计强调了环境中的"学院感"，其概念介于技术和艺术之间，传达了对清华原有校园环境强烈的颠覆感。作品表现方式具有强烈的形式感。

清华大学美术学院新环境景观改造
作者：张灿
指导老师：苏丹　方晓风
清华大学美术学院
二等奖作品

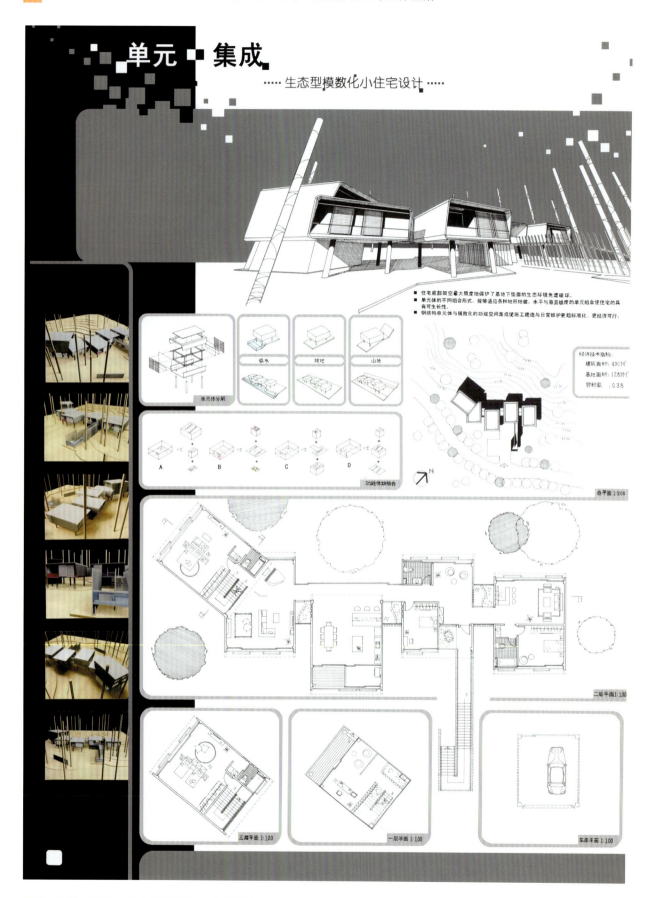

单元·集成 生态型模数化小住宅设计

作者：姚以倩
指导老师：魏秦
上海大学美术学院
二等奖作品

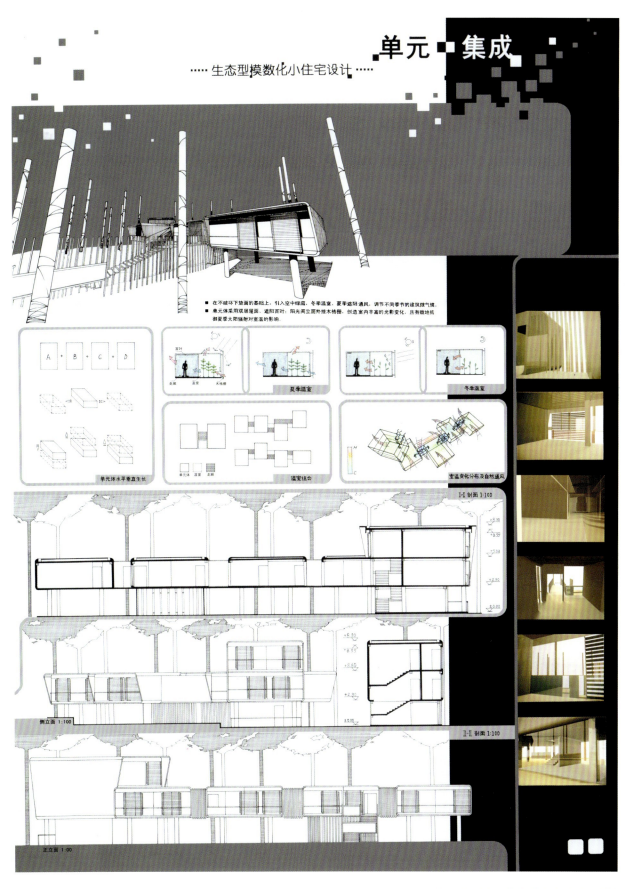

单元·集成 生态型模数化小住宅设计

作者：姚以倩
指导老师：魏秦
上海大学美术学院
二等奖作品

设计说明

住宅底部架空最大限度地保护了基地下垫面的生态环境免遭破坏。单元体的不同组合形式,能够适应各种地形地貌。水平与垂直维度的单元组合使住宅的具有可生长性。

钢结构单元体与模数化的功能空间集成使施工建造与日常维护更趋标准化,更经济可行。

在不破坏下垫面的基础上,引入空中绿庭,冬季温室、夏季遮阳通风,调节不同季节的建筑微气候。

单元体采用双层屋面、遮阳百叶;阳光间立面外挂木格栅,创造室内丰富的光影变化,且有效地抵御夏季太阳辐射对室温的影响。

专家评论

作为本科二年级的课程设计,作品体现了良好的构思能力和表达能力,其架空的建筑形态对地形和环境有很强的适应能力。

单元·集成 生态型模数化小住宅设计

作者:姚以倩
指导老师:魏秦
上海大学美术学院
二等奖作品

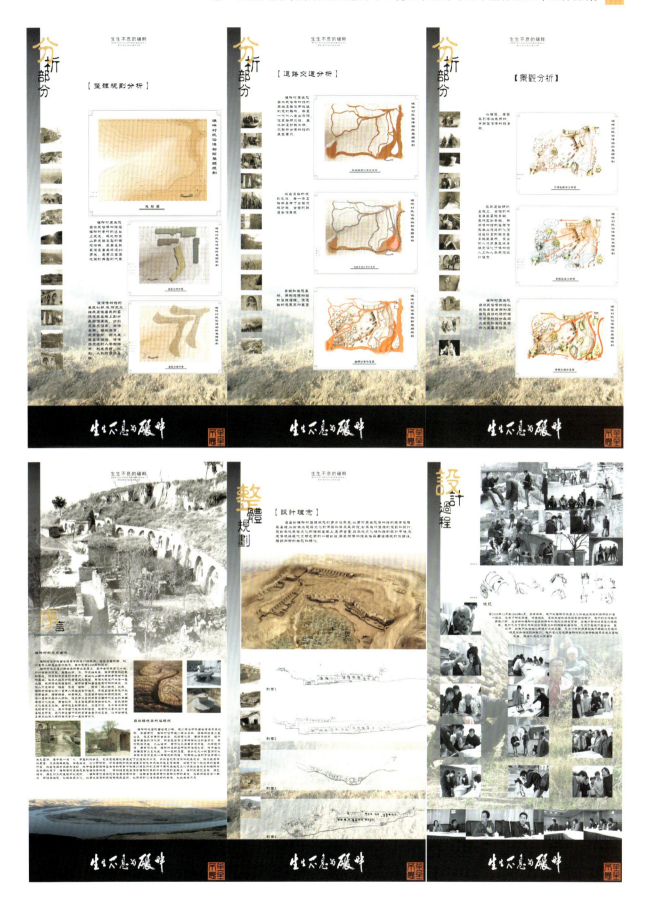

生生不息的碾畔村

作者：谭明　郭贝贝　饶硕　降波　李一清　李静
指导老师：吴昊　秦东　胡文
西安美术学院
二等奖作品

专家点评

作品体现了良好的工作方法和清晰的工作目标,设计成果完整,较好地体现了对地域文化、地方建筑形态的结合,具有较高的实践可操作性。

生生不息的碾畔村

作者:谭明　郭贝贝　饶硕　降波　李一清　李静
指导老师:吴昊　秦东　胡文
西安美术学院
二等奖作品

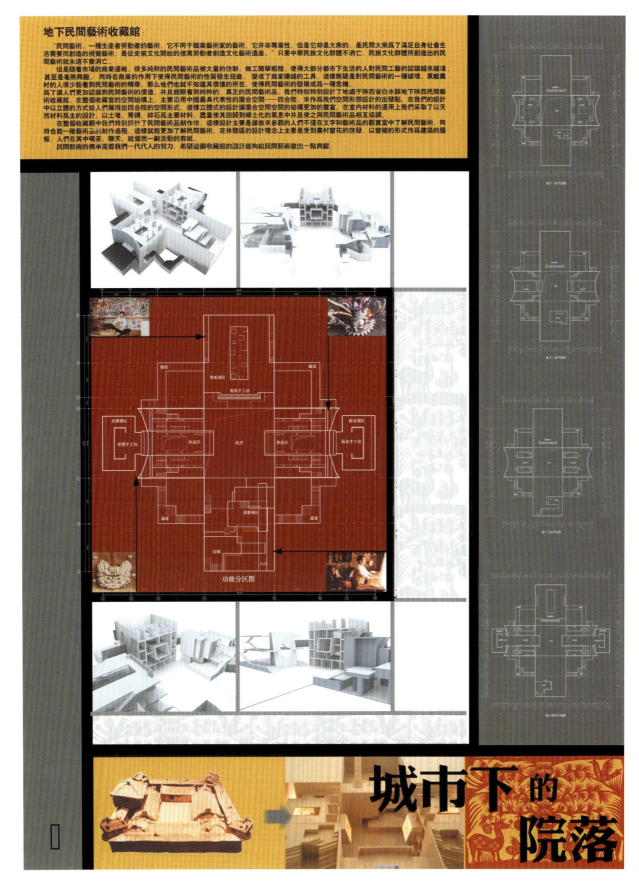

城市下的院落——民间艺术收藏馆

作者：吴雪　曹旭辉
指导老师：吴昊　秦东　孙鸣春
西安美术学院
二等奖作品

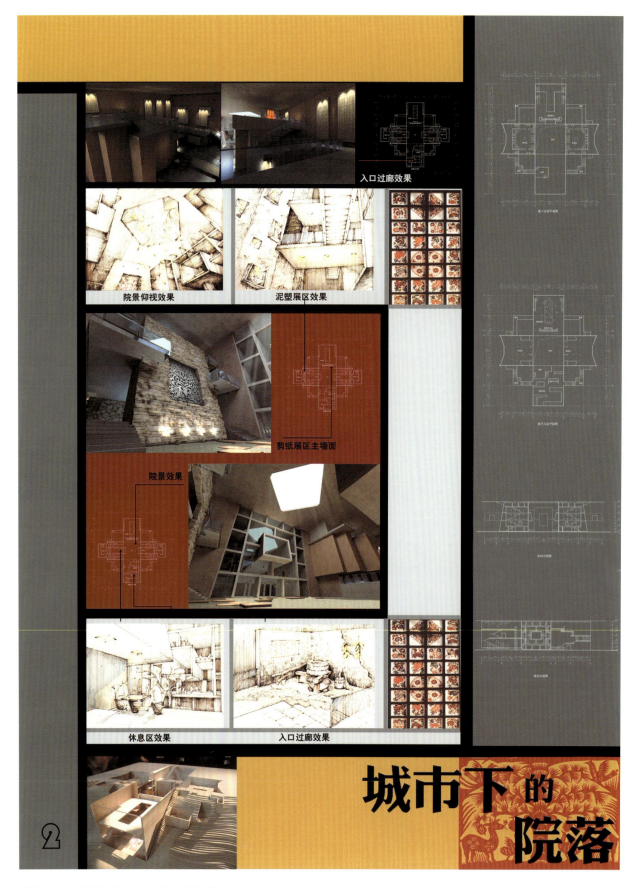

城市下的院落——民间艺术收藏馆

作者：吴雪　曹旭辉

指导老师：吴昊　秦东　孙鸣春

西安美术学院

二等奖作品

通道内部效果图

剪纸展区仰视效果

剪纸展区俯视效果

皮影展区效果

城市下的院落

城市下的院落——民间艺术收藏馆

作者：吴雪　曹旭辉
指导老师：吴昊　秦东　孙鸣春
西安美术学院
二等奖作品

专家点评

作品将关中民居的元素融入都市空间的营造中,其地下广场的处理与黄土高原上的"地坑式"窑洞极为协调,空间形态生动有趣。如能对地上、地下空间的一体化作进一步交待,则将使设计意图显得更加合理。

城市下的院落——民间艺术收藏馆

作者:吴雪 曹旭辉

指导老师:吴昊 秦东 孙鸣春

西安美术学院

二等奖作品

第一届全国高等美术院校建筑与环境艺术设计专业学生作品双年展

三等奖作品

3rd PRIZE

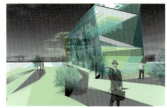

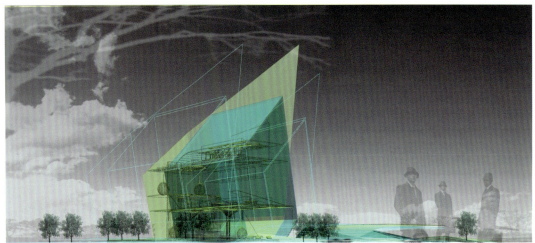

G3301专营店概念设计

作者：王冲
鲁迅美术学院
三等奖作品

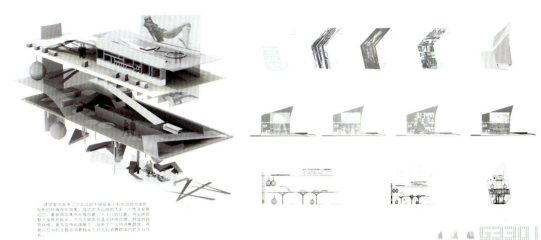
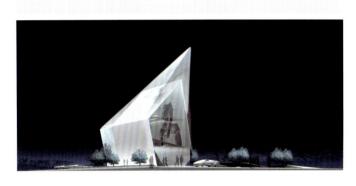
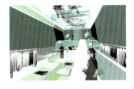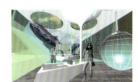
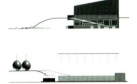

G3301专营店概念设计

作者：王冲
鲁迅美术学院
三等奖作品

桥非桥 ——建筑设计初步 装置设计

装置作品尺寸：1642mm×510mm×312mm

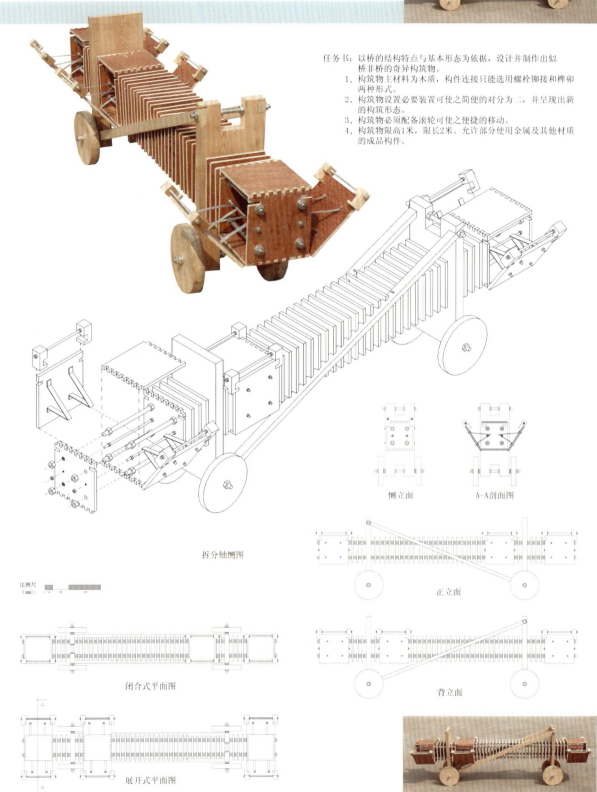

任务书：以桥的结构特点与基本形态为依据，设计并制作出似桥非桥的奇异构筑物。
1. 构筑物主材料为木质，构件连接只能选用螺栓铆接和榫卯两种形式。
2. 构筑物设置必要装置可使之简便的对分为二，并呈现出新的构筑形态。
3. 构筑物必须配备滚轮可使之便捷的移动。
4. 构筑物限高1米，限长2米。允许部分使用金属及其他材质的成品构件。

侧立面　　A-A剖面图

拆分轴侧图

比例尺（mm）：

正立面

背立面

闭合式平面图

展开式平面图

桥非桥——建筑设计初步　装置设计

作者：赵忠　邵恩　钱杨婷　沈婉婷　翁丹杰　李敏
指导老师：武蔚　李玲
上海大学美术学院
三等奖作品

第一届全国高等美术院校建筑与环境艺术设计专业学生作品双年展

设计说明

别墅的形态来源于"流动"一词，在设计过程中探讨了流线空间的作用。一方面，流动性增强了使用者与空间的关系，另一方面，流动作为统一的元素引导一种运动趋势，流线的空间贯彻整个建筑，起到界定和引导的双重作用。曲线使人在空间中的运动产生延伸，同时有益于形成片段的观感，这种片断感引起好奇心，从而促进人在空间中的行动，使之成为积极的空间，服务于人的居住生活要求。

别墅为艺术家设计，主要满足艺术家的工作和展示需要，作为主体的工作室和展厅位于建筑的一端，性格明确；向北开主窗保证了光源的稳定；而内部的所有的居住空间位于建筑的另一端，建筑北向大块的弧墙避免了冬季的风吹，也构成了居住空间的私密性。在别墅的工作室，起居室和次卧分别设置了天窗，呼应了这些空间的功能需求。

中央美术学院建筑学院

作者：胡娜
指导教师：傅祎

别墅设计

作者：胡娜
指导老师：傅祎
中央美术学院建筑学院
三等奖作品

第一届全国高等美术院校建筑与环境艺术设计专业学生作品双年展

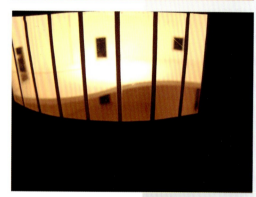

作者：胡娜
指导教师：傅祎

中央美术学院建筑学院

别墅设计

作者：胡娜
指导老师：傅祎
中央美术学院建筑学院
三等奖作品

拼图世界

作者：任意立 郭佳 邓玲玲
指导老师：程雪松
上海大学美术学院
三等奖作品

拼图世界

作者：任意立　郭佳　邓玲玲
指导老师：程雪松
上海大学美术学院
三等奖作品

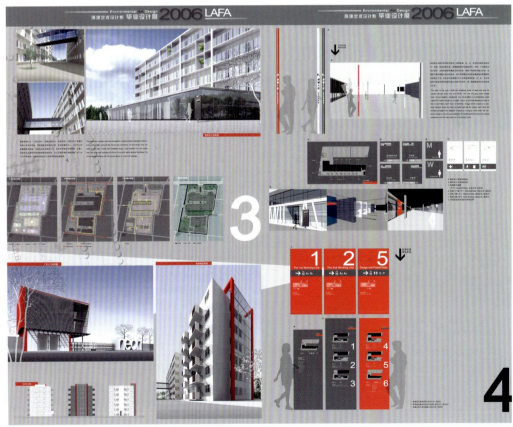

深圳力响音响工业园区规划设计

作者：胡书灵
鲁迅美术学院
三等奖作品

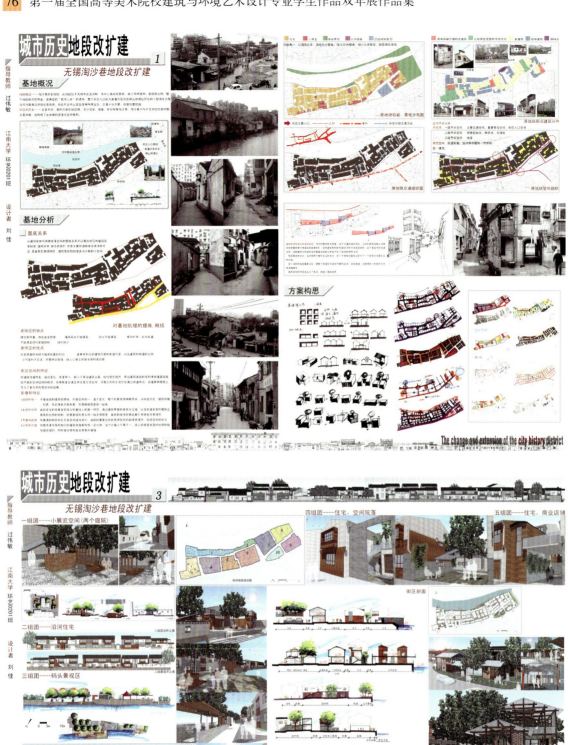

城市历史地段改扩建

作者：刘佳
江南大学设计学院
三等奖作品

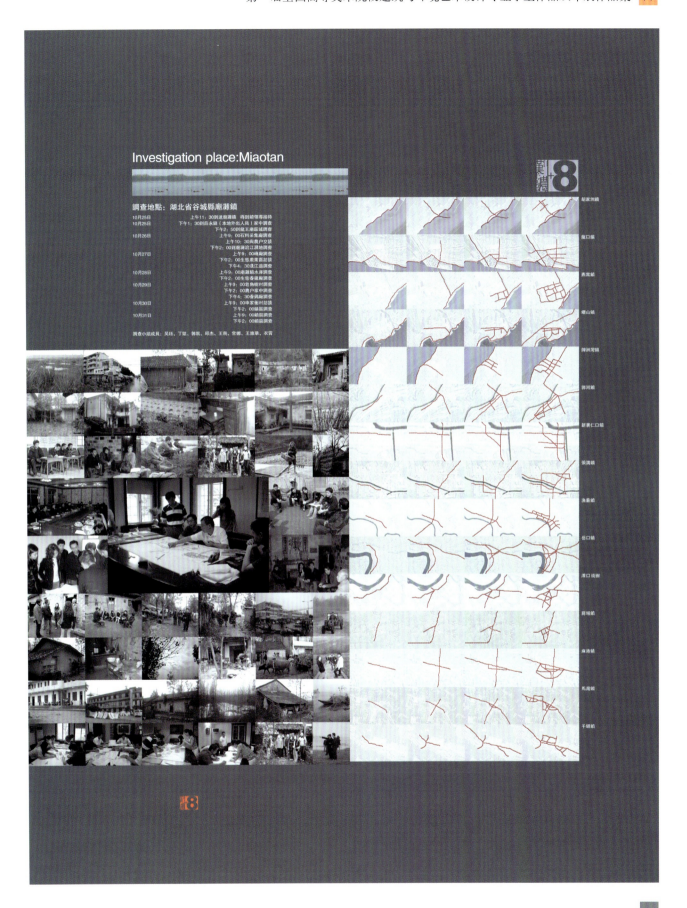

江汉平原生态农业景观——庙滩镇景观改造

作者：吴珏　丁凯　王飞　郭凯　衣宵　邱杰　常娜　王维华
湖北美术学院
三等奖作品

江汉平原生态农业景观——庙滩镇景观改造

作者：吴珏　丁凯　王飞　郭凯　衣宵　邱杰　常娜　王维华

湖北美术学院

三等奖作品

民主路西段步行街改造方案
The west of Minzu road landscape design

NO. 0

02 东街入口 THE ENTRANCE OF DONG ROAD

民主路西段步行街改造方案
作者：杜媛　胡喜红　罗彬　汤晶　郑聪
湖北美术学院
三等奖作品

NO. 07 民主路西段步行街改造方案
The west of Minzu road landscape design

07 西街入口 THE ENTRANCE OF WEST ROAD

民主路西段步行街改造方案

作者：杜媛　胡喜红　罗彬　汤晶　郑聪
湖北美术学院
三等奖作品

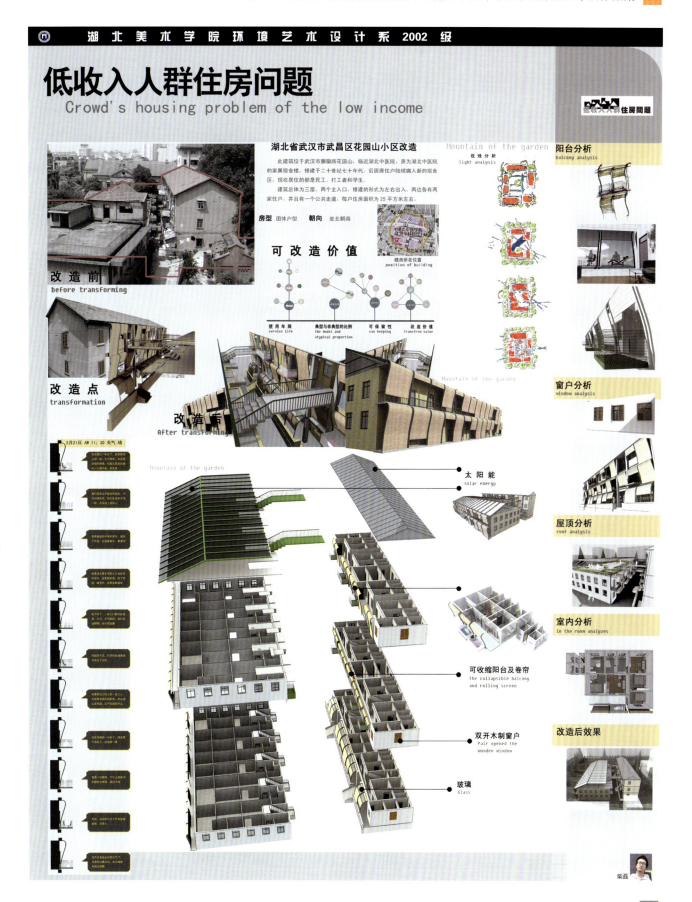

低收入人群住房问题
作者：柴磊 冯安莉 高超 胡俊 王芳 王玮
湖北美术学院
三等奖作品

低收入人群住房问题
Crowd's housing problem of the low income

湖北美术学院环境艺术设计系 2002 级

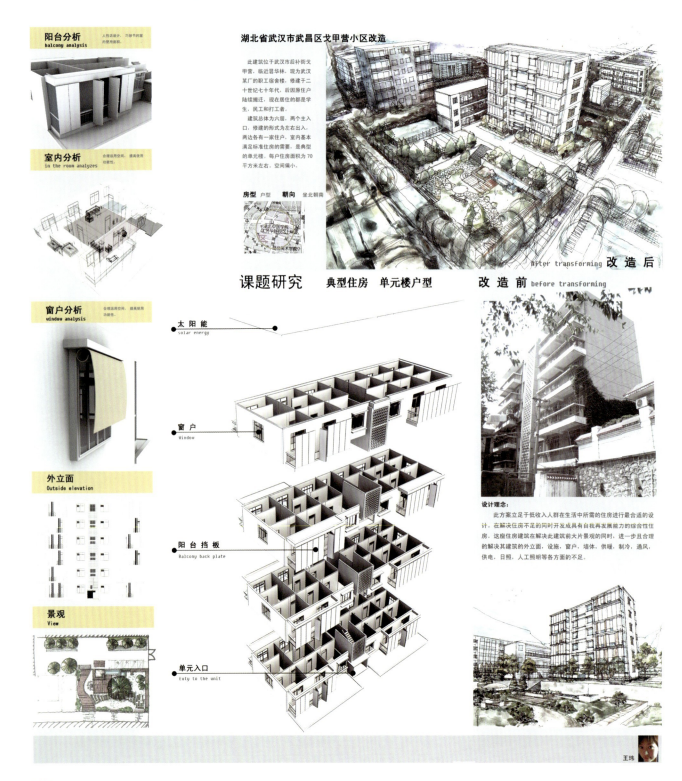

低收入人群住房问题

作者：柴磊　冯安莉　高超　胡俊　王芳　王玮

湖北美术学院

三等奖作品

沟通无限

作者：陈莉 杨洋
湖北美术学院
三等奖作品

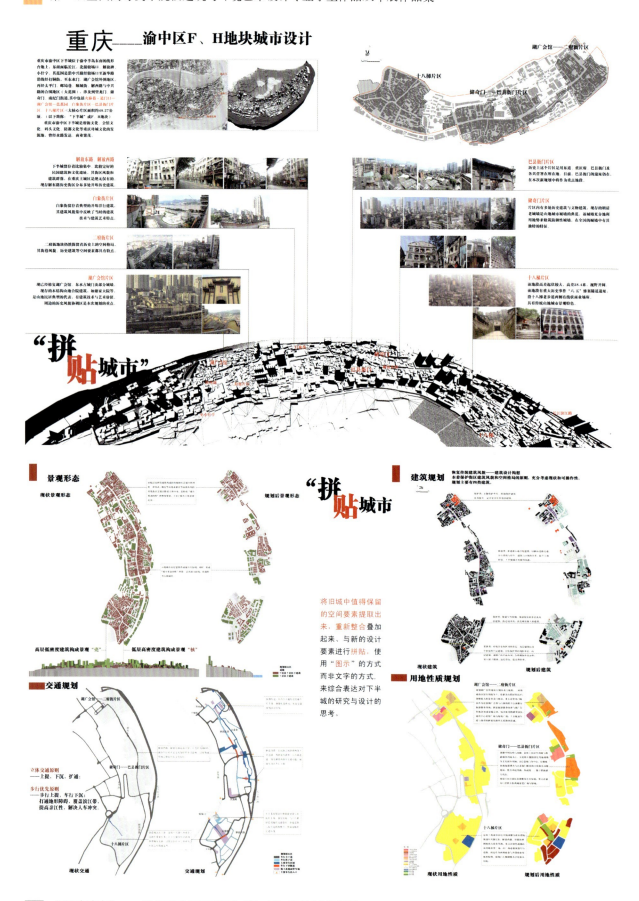

"拼贴城市"——重庆渝中区下半城（F、H）地块城市设计

作者：王平妤　周秋行　曾燕玲　李宛倪

指导老师：黄耘

四川美术学院

三等奖作品

"超链接"——四川美术学院新校区"耍街"规划及建筑方案
作者：丁小鲁　陈小霞　谢一雄　何祖君　王海燕
指导老师：黄耘
四川美术学院
三等奖作品

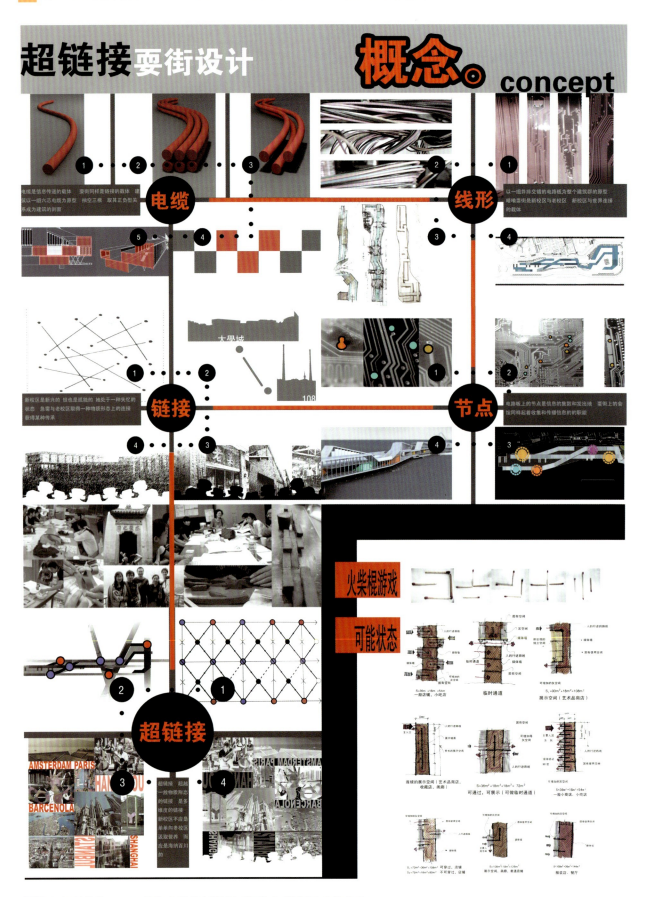

"超链接"——四川美术学院新校区"耍街"规划及建筑方案

作者：丁小鲁　陈小霞　谢一雄　何祖君　王海燕
指导老师：黄耘
四川美术学院
三等奖作品

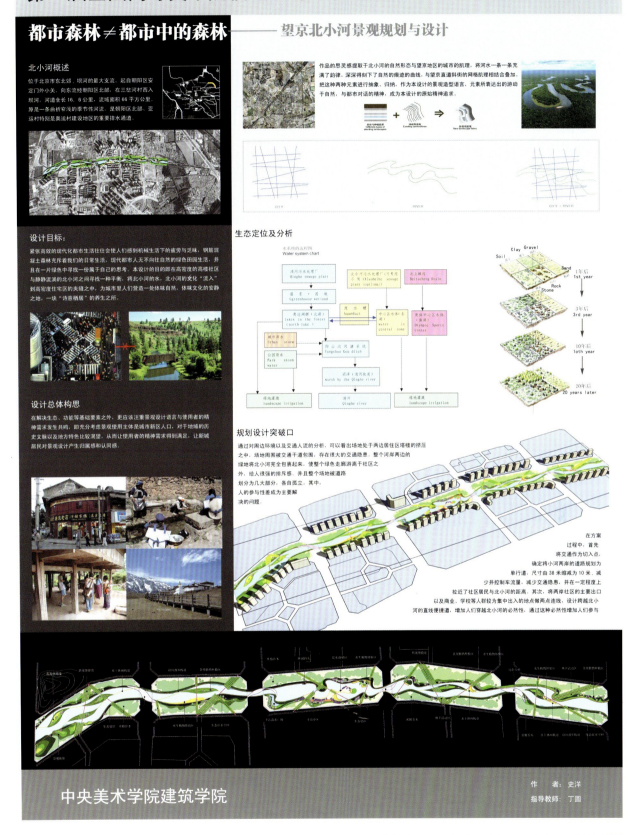

都市森林≠都市中的森林——望京北小河景观规划与设计

作者：史洋
指导老师：丁圆
中央美术学院建筑学院
三等奖作品

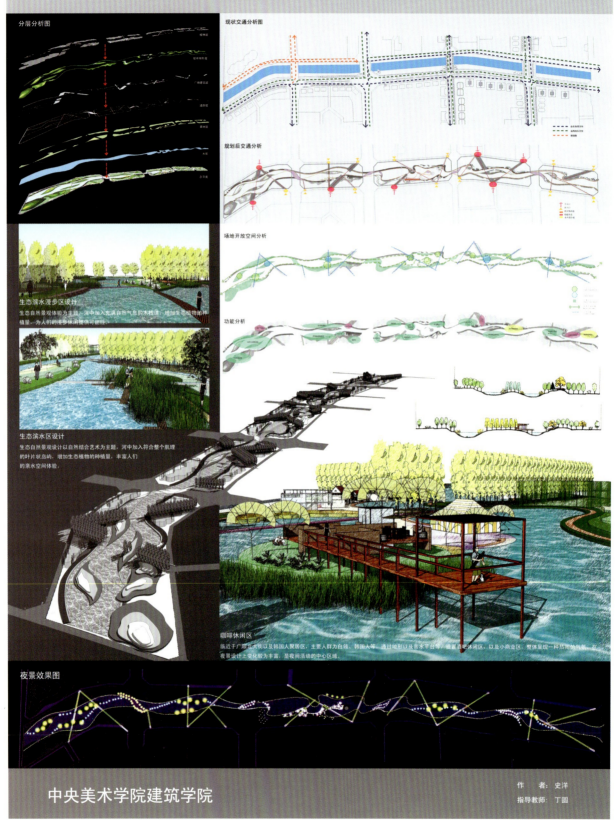

都市森林≠都市中的森林——望京北小河景观规划与设计

作者：史洋
指导老师：丁圆
中央美术学院建筑学院
三等奖作品

现代艺术设计事务所设计

作者：高贺
上海大学美术学院
三等奖作品

现代艺术设计事务所设计

作者：高贺
上海大学美术学院
三等奖作品

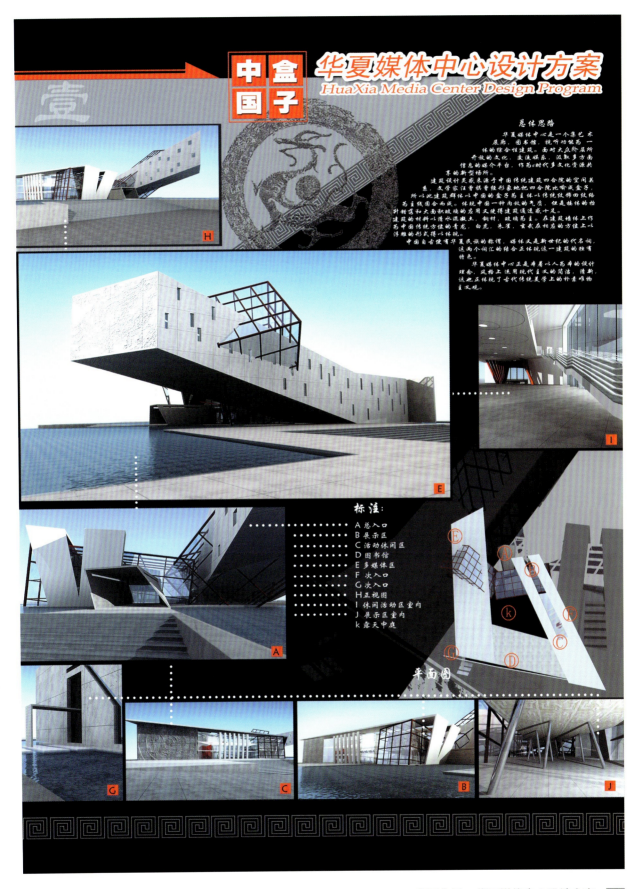

中国盒子　华夏媒体中心设计方案

作者：张玲
指导老师：王铁军
东北师范大学美术学院
三等奖作品

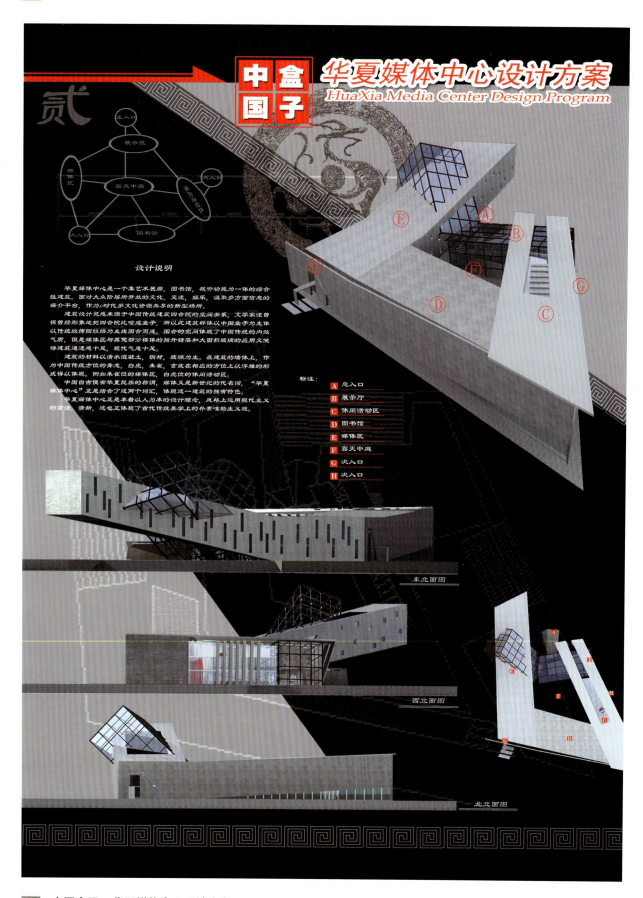

中国盒子　华夏媒体中心设计方案

作者：张玲
指导老师：王铁军
东北师范大学美术学院
三等奖作品

水上会所空间设计
DRAGON CLUB 龙之会所 设计
学校 / SCHOOL: 江南大学 / SCHOOL OF DESIGN OF SOUTHERN YANGTZE UNIVERSITY
姓名 / NAME: 陈达扬 / DAYANG CHEN
导师 / TUTOR: 杨茂川 / MAOCHUAN YANG

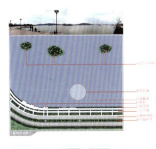

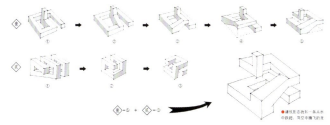

水上会所空间设计

作者：陈达扬
江南大学设计学院
三等奖作品

水上会所空间设计

作者：陈达扬
江南大学设计学院
三等奖作品

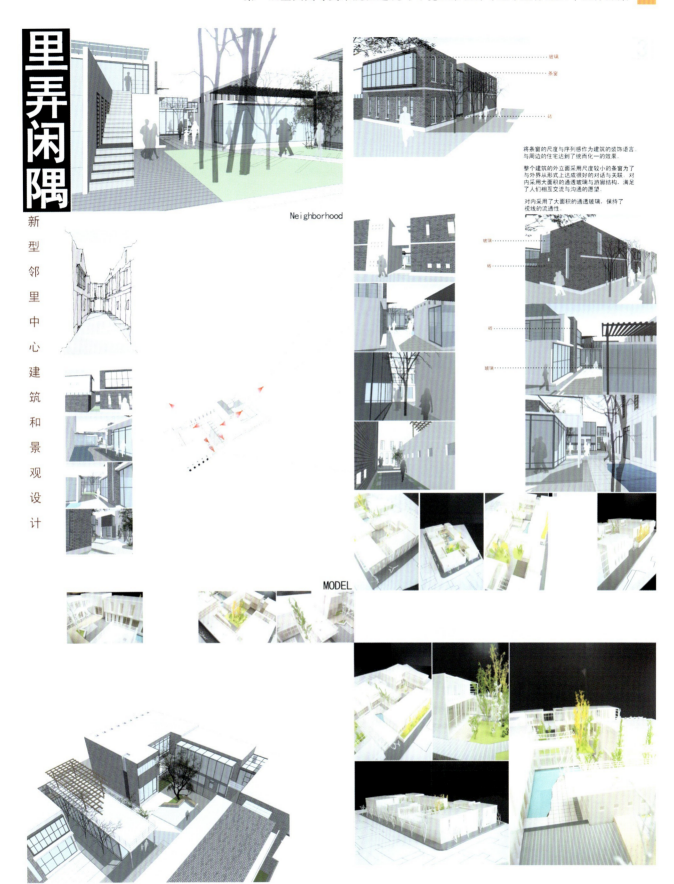

里弄闲隅

新型邻里中心建筑和景观设计

Neighborhood

MODEL

里弄闲隅

作者：孙鹏
江南大学设计学院
三等奖作品

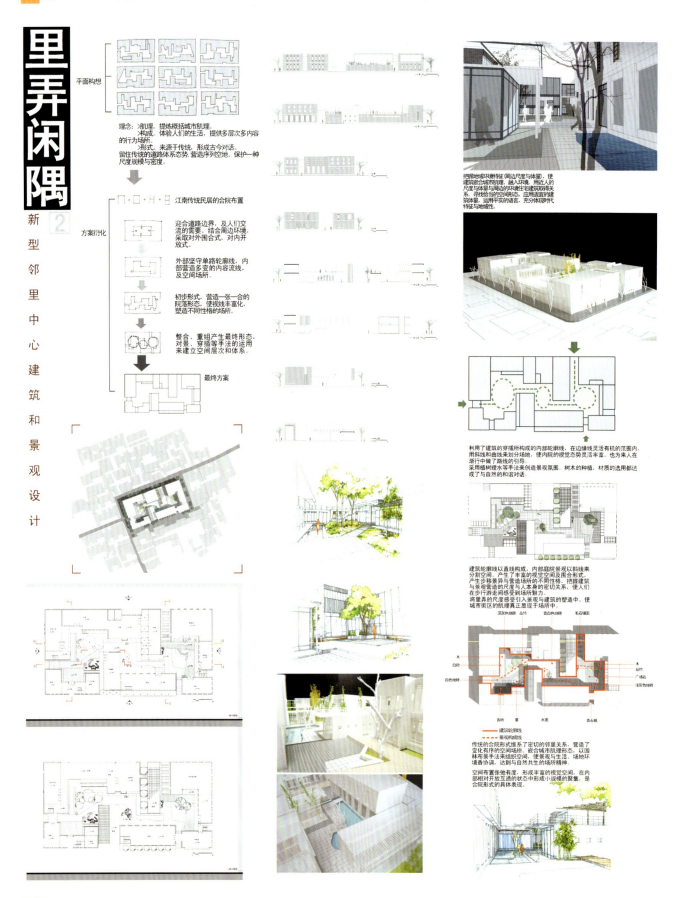

里弄闲隅

新型邻里中心建筑和景观设计

作者：孙鹏
江南大学设计学院
三等奖作品

清华大学与北京大学新"廊"与新"核"景观设计
——关于清华大学与北京大学校园发展建设的建议

清华大学与北京大学新"廊"与新"核"景观设计

作者：杨华
指导老师：陆志成
清华大学美术学院
三等奖作品

清华大学与北京大学新"廊"与新"核"景观设计

作者：杨华
指导老师：陆志成
清华大学美术学院
三等奖作品

第一届全国高等美术院校建筑与环境艺术设计专业学生作品双年展

入围奖作品

DOMINATED PRIZE

十面埋伏之等高线的冥想——四川美术学院新校区图书馆设计方案

作者：冯胜南
指导老师：唐初旦
四川美术学院
入围奖作品

重庆国泰大戏院和重庆美术馆概念设计

关于现在 关于未来 2-1

写在前面的话：

理查德-英格兰说："建筑师们应该努力去创造一部作品……在这里，地板给你的感觉就像是土地，墙体就像是风，而顶棚则像天空。"勒-柯布西耶这样的现代主义者打破了空间呆板的划分，墙面可以是弧形的，可以是有角度的，也可以是透明或半透明.

关于记忆：

为了兼顾原国泰戏院的历史性和新规划中的城市中心绿地的休闲性，在老国泰旧址上采用大量的树阵给人们一怀念追思的冥想空间，在新旧之间用了暗喻抓住过去与未来的时间、空间之手的流线形造型来设计广场和建筑。

方案构思过程：

我们的建筑———

包含了许多模糊常规的功能，他首先是一个建筑；他也是一个广场；他或许是一个水池，一个座椅，一座花坛！

工作模型

手绘效果图

临临江支路立面图 1：800

结构意象图

临姜家巷立面图 1：800

指导老师：李勇　设计人：张渝娟
时间：2006.6.20　学校：四川美术学院

重庆国泰大戏院和重庆美术馆概念设计

作者：张渝娟
指导老师：李勇
四川美术学院
入围奖作品

现代理念·古典演绎

本设计方案为了突显中餐厅所要传达的地域文化及民族传统，提取出传统元素的精髓，将极具中国民族特色的空间美演绎得淋漓尽致。

将哲思形象化，用图形、用色彩、用直观的手段将地域性的哲学直接打入心灵深处，已成为经典的符号，在一定程度上，成就一段跨越时间的对话。

以"浓妆淡抹总相宜"的面目出现，和谐地用古典手法诠释出现代理念的写意空间。

李丹丹　LI dandan
大连大学美术学院
艺术设计 环艺 02.1

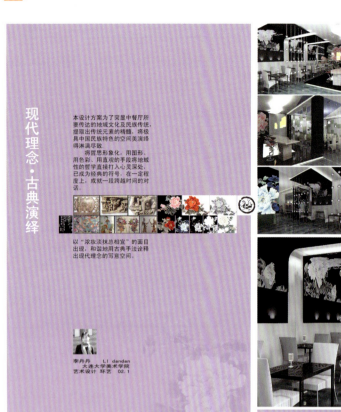

现代理念·古典演绎

作者：李丹丹
指导老师：李丽
大连大学美术学院
入围奖作品

沈阳地铁铁西广场站入口及站台设计

作者：孙丹
指导老师：张书鸿
东北大学艺术学院
入围奖作品

衍室——关于有限空间的再创造的探讨

作者：籍颖　崔恒
指导老师：王铁军
东北师范大学美术学院
入围奖作品

空间与空间的对话

設計說明：

本方案的设计理念源于一种对理想的自由、放松居家状态的追求，让空间主人与其居住环境能够真正产生心灵的碰撞和情感上的共鸣。本方案主人拟定为都市白领，在现代大都市的快节奏生活中忙忙碌碌，夜幕降临远离喧嚣的外面世界，背负着一天的重荷，回到家，这时的人们需要的不仅仅是一个居所，而更需要一个放松心情享受居家快乐的空间、一个心灵的栖息地。

通透、开阔、阳光是现代人们所追求的一种唯美的生活归宿，本方案室内空间几乎没有门，每一个空间都处于一种半开放状态，似乎在每一个角落都能够一览整个空间，每个空间之间都在对话，但同时空间中缺少门并不意味着缺乏独秘，门帘和滑动部件能够提供充分的隔离，空间开放中有私秘，私秘中享受开阔。在有限的空间中享受无限的快乐。

● 平面图

● 角落看客厅空间们在交流

● 休闲区，休息假日约几好友畅谈品茶

● 餐厅 黄、白隔断在嬉戏

● 卧室，沐浴阳光

● 开放式的卫生间

1

空间与空间的对话

作者：罗广宇
指导老师：王铁军　刘学文
东北师范大学美术学院
入围奖作品

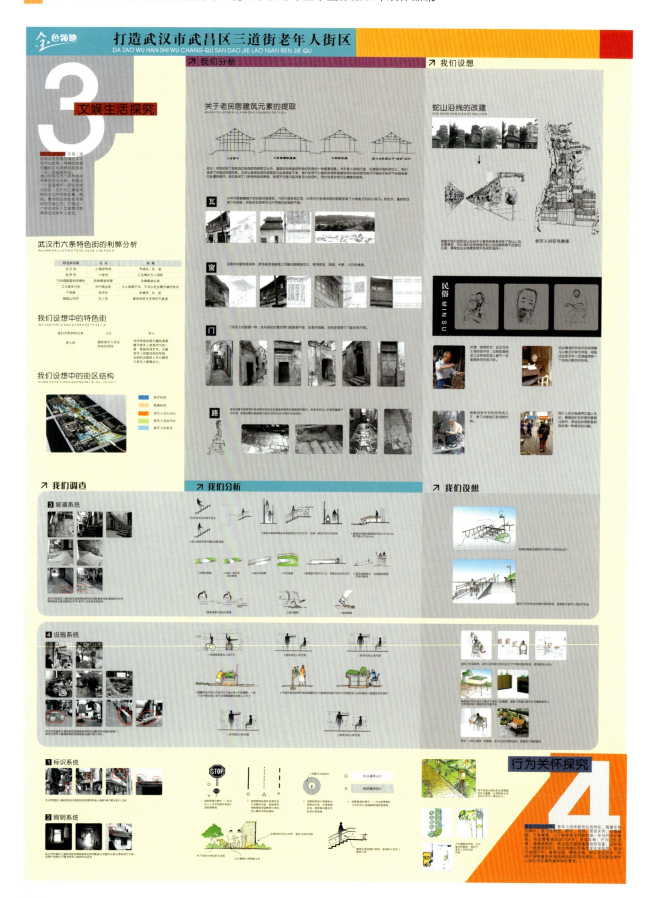

金色领地

作者：陈晓红　黄芳　张晓亮
湖北美术学院
入围奖作品

One door exist for the sake of COMMUNICATION.
SO WE CALL IT:

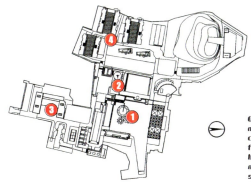

建筑结构改造：
Reconstructing the structure of buildings:

加强建筑间的联系，利用外廊式结构形成"桥"式交流空间，拱门式结构形成"虹"式交流空间，利用方型窗洞形成"框"式交流空间，利用多层平台结构形成"梯"式交流空间，利用齿轮式结构形成"凹凸"式交流空间

Our strategy is as follows: Strengthening the contact of buildings, making use of the outside-gallery structure to form "bridge-type" communication space, making use of the arched-door structure to form "rainbow-type" communication space, making use of window holes to form "frame-type" communication space, making use of mulpti-layer terrace structure to form "ladder-type" communication space, and making use of gear structure to form "cave and convex" communication space.

	现状照片	改造后效果图	交流视线分析图
艺术交流中心			
五星级酒店			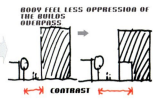
餐饮中心			
度假酒店			

(Row 1 shown above the table: 艺术交流中心)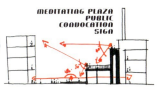

03

 湖北美术学院 环境艺术设计系 2002级

学生：付丛伟 朱绍婷 杨璇 杨晶晶 童心
指导老师：陈顺安 曹丹 黄学军

湖美国际艺术交流中心

作者：朱绍婷 付丛伟 童心 杨璇 杨晶晶
指导老师：陈顺安 曹丹 黄学军
湖北美术学院
入围奖作品

杭州临安锦溪地块邻里中心建筑及景观设计

作者：王威
江南大学设计学院
入围奖作品

第一届全国高等美术院校建筑与环境艺术设计专业学生作品双年展作品集 109

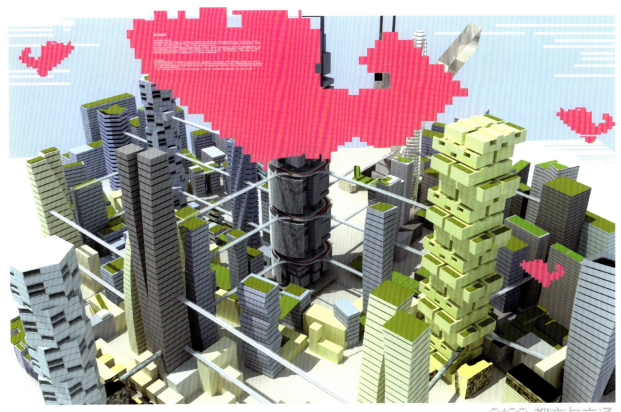

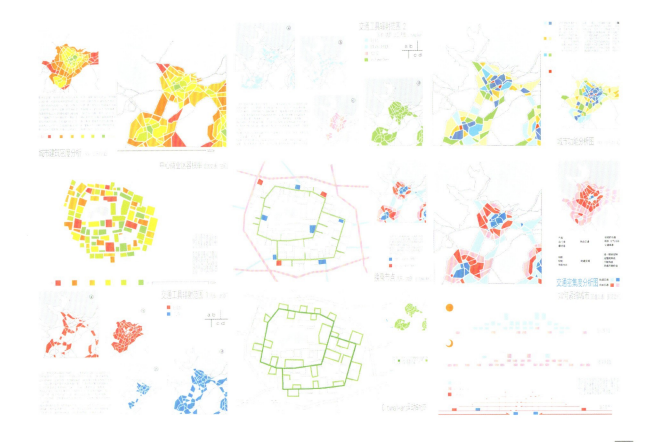

2100 都市与交通

作者：朱萧木
江南大学设计学院
入围奖作品

辽宁丹东假日阳光KTV

作者：李建华

指导老师：刘建斌

辽东学院艺术与设计学院

入围奖作品

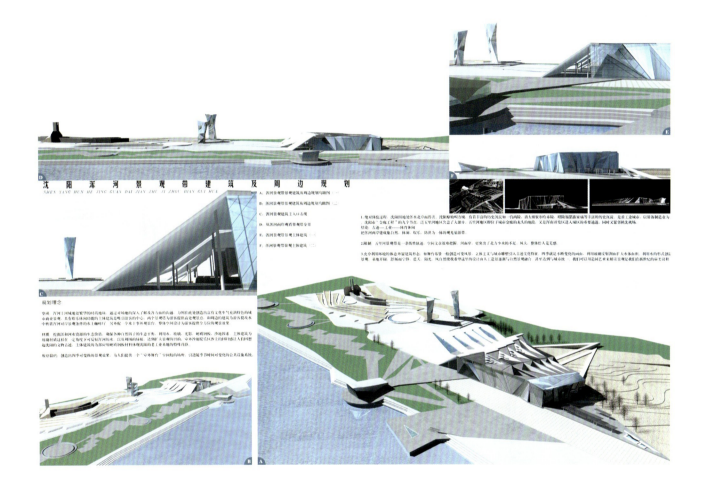

沈阳浑河景观带建筑及周边规划

作者：宋蕾
鲁迅美术学院
入围奖作品

广东中山现代军事博物馆

作者：于博
鲁迅美术学院
入围奖作品

赤峰市锡伯河两岸用地规划

作者：张林林
鲁迅美术学院
入围奖作品

合肥新天地商业街改造

作者：赵时珊

鲁迅美术学院

入围奖作品

碧罗塔酒吧主题公园景观设计

作者：周晓辉
鲁迅美术学院
入围奖作品

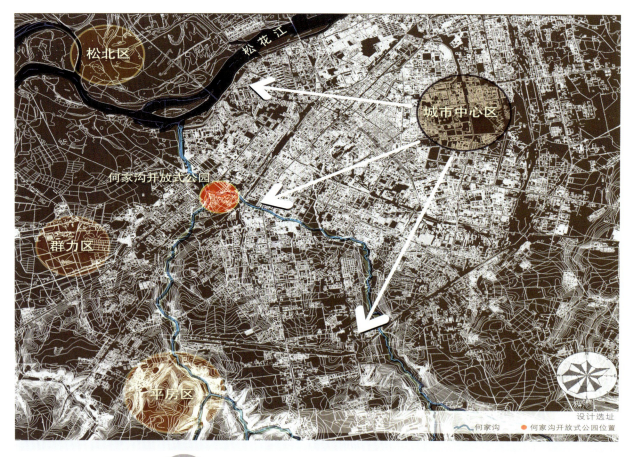

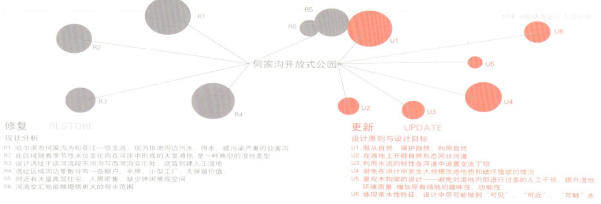

修复　RESTORE
现状分析
R1 哈尔滨市何家沟为松花江一级支流，现为排泄周边污水、雨水，被污染严重的公害沟
R2 此区域随着季节性水位变化而在河床中形成的大量滩地，是一种典型的湿地类型
R3 设计选址于该河流段东河流与西河流交汇处，适宜创建人工湿地
R4 选址区域周边零散分布一些棚户、平房、小型工厂，无保留价值
R5 附近有大量高层住宅，人居密集，缺少休闲景观空间
R6 河流交汇处能够提供更大的观水范围

更新　UPDATE
设计原则与设计目标
U1 服从自然、保护自然、利用自然
U2 在滩地上开辟自然形态网状河道
U3 利用水流的特性在河道中设置变流丁坝
U4 避免在设计中发生大规模改造地貌和破坏植被的情况
U5 景观木构架的设计——避免对湿地内部进行过多的人工干预，提升湿地环境质量，增加原有场地的趣味性、功能性
U6 体现亲水性特征，设计中尽可能做到"可见"、"可近"、"可触"水

修复与更新
——哈尔滨何家沟开放式公园景观设计

　　近年来，随着城市建设的发展，人们越来越认识到环境的重要性，就哈尔滨市而言，何家沟作为与城市相依相伴的河流，其总体环境的好坏已开始对哈尔滨市城区产生直接的影响。因此，实施何家沟综合整治可为哈尔滨这座东北老工业基地的振兴创造优良环境。修复和更新现有何家沟的生态环境，将会对哈尔滨市整体环境的良性发展产生重要影响。

　　正是在这一背景下，开始了何家沟环境改造的设计工作。方案选址于何家沟中段，东西支流交汇处，地处哈尔滨城市中心区与力群区、松北区、平房区之间。此方案为市民假日休闲活动提供便利条件。该设计目的是运用遵从自然、最大限度的借助于自然力的设计方式进行修复，并通过景观木构架的设计着重体现"更新"的意义，使这一地段成为供市民休闲娱乐、陶冶身心的现代生态与文化游憩地。

1

修复与更新——哈尔滨何家沟开放式公园景观设计
作者：高婷
指导老师：宋立民
清华大学美术学院
入围奖作品

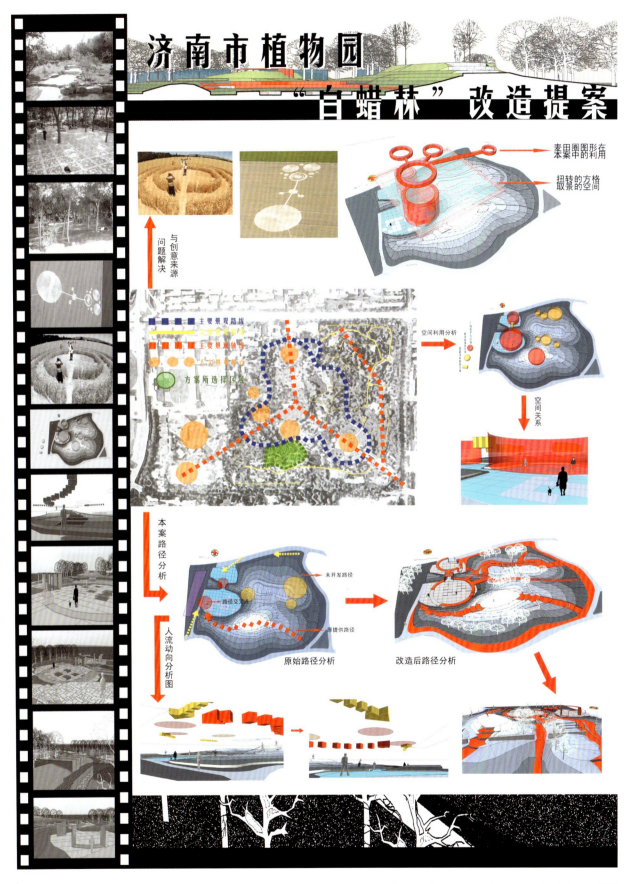

济南市植物园——"白蜡林"改造提案

作者：薛方旭　张锋　张燕　高大鹏
指导老师：邵力民
山东工艺美术学院建筑与景观设计学院
入围奖作品

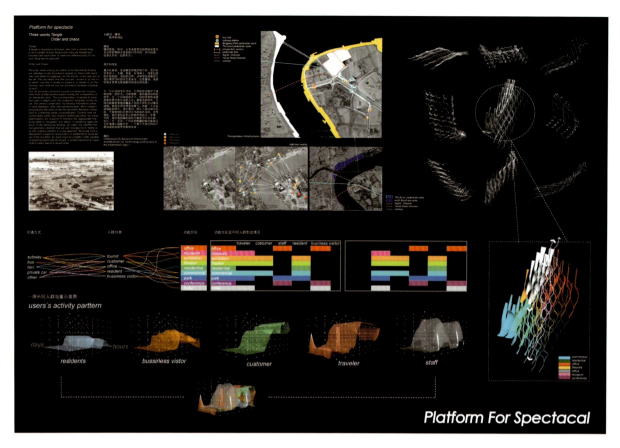

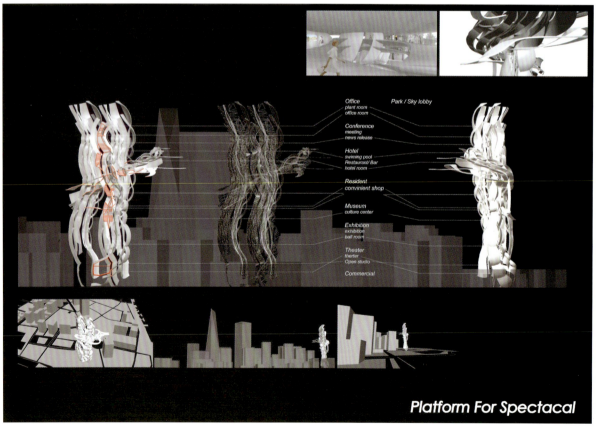

"Platform for spectacle"——城市综合体概念设计

作者：刘子凡
指导老师：陈庆豪
上海大学美术学院
入围奖作品

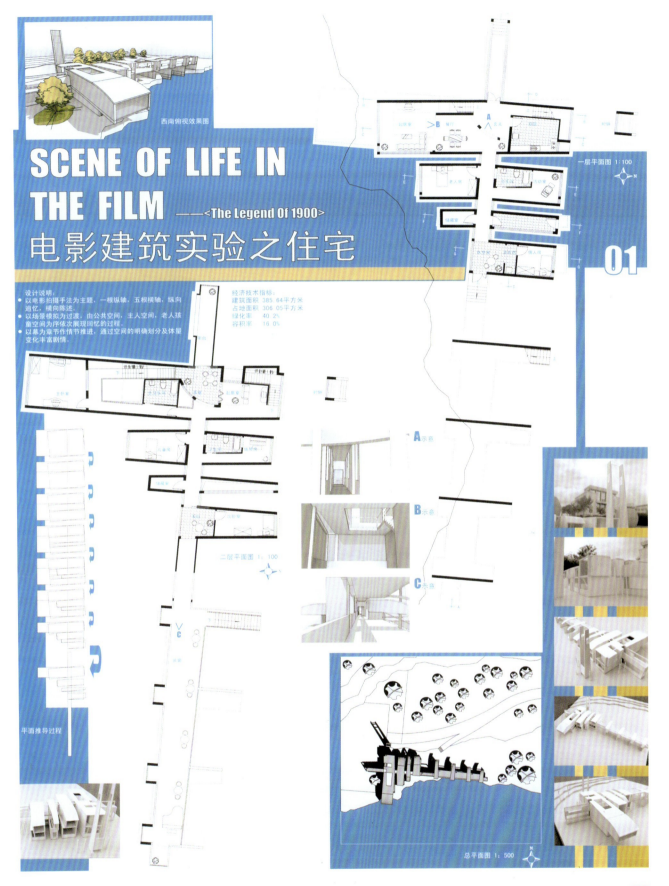

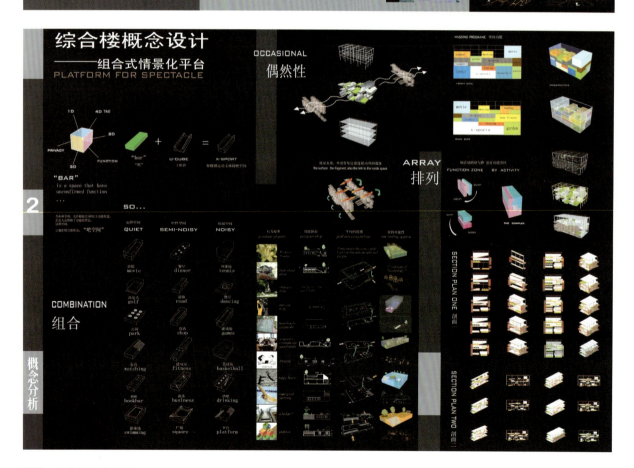

综合楼概念设计

作者：张翼飞　黄旭
指导老师：陈庆豪
上海大学美术学院
入围奖作品

综合楼设计——沐恩堂周边商业建筑的设计

作者：朱丽莎　朱怡文
指导老师：谢建军
上海大学美术学院
入围奖作品

自然的回归——某风景区度假酒店设计

作者：解伦　葛德威
上海大学美术学院
入围奖作品

MILITARY PARK

军事主题公园

滨海军事主题公园位于天津市汉沽区，规划用地150万平方米，由南北两个弧形半岛和两公里长的海滨地带形成一个环抱式的区域。地势平坦，水域面积广阔，有一个内湖。海滨地带现已建成港口，停泊一艘俄罗斯"基辅"号航母作为大型展览项目，在内湖东北方向建有一大型酒店。主要路网已基本建成。整体规划以航母为中心建成一个以展览、娱乐、商业、研究、教育等功能于一体的大型军事主题公园，设立相关军事研究机构，为展览、主题教育提供更好的理论和科学支持。提高游客的参与程度，多角度、多方式地为公众提供前所未有的精神文化享受。

总平面图

0m 100m 200m 300m 400m

滨海军事主题公园

作者：蒋博　张晨　张金猛
指导老师：彭军　高颖
天津美术学院
入围奖作品

山东胶州市三里河广场公园景观设计方案

作者：朱振兴　邵智彬
指导老师：陈伟志　吉立峰　刘进华　申丽娟
浙江理工大学艺术与设计学院
入围奖作品

第一届全国高等美术院校建筑与环境艺术设计专业学生作品双年展

城市广场设计——自然的隐喻

学生班级：03 景观
学生姓名：李 鹜
指导教师：王 铁
完成时间：06年4月

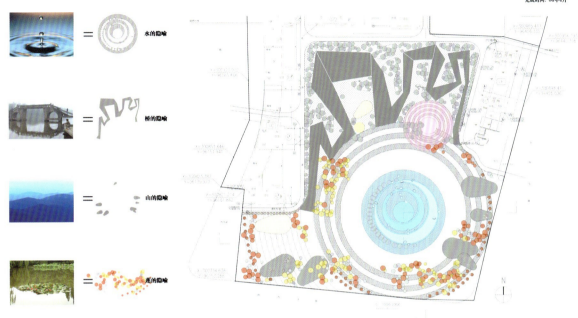

设计说明——自然的隐喻

此城市广场的设计是以自然的隐喻为主题展开的（见上图）。
中心水景连同砾石铺地犹如湖面泛起的道道涟漪，隐喻自然中的"水"；
北部坡地上的折型栈道设计取自水乡方桥和林间山道，隐喻自然中的"气"；
南部的诸多小丘则象征湖中小岛，隐喻自然中的"土"；
而广场中的种植区宛若池中睡莲，隐喻自然中的"光"。

整个设计将自然中的种种引入城市广场之中，希望给每个城市的使用者以自然的联想，引发人们对当代城市生活中缺乏自然主义的思考。

冬季效果图

栈道与茶室

作　者：李 鹜
指导教师：王 铁

中央美术学院建筑学院

城市广场设计

作者：李 鹜
指导老师：王 铁
中央美术学院建筑学院
入围奖作品

第一届全国高等美术院校建筑与环境艺术设计专业学生作品双年展

幼儿园设计

本次幼儿园设计首先在环境上面临两个主要问题：
1. 场地四面均有50~70 m高的住宅楼，如何处理幼儿园与周围建筑的关系？
2. 在四周都有高大建筑遮挡的条件下必须满足冬至日2小时的满窗日照

解决方案： 院落空间

设计任务
总使用面积：2000 m²
规模：六班
层数：2~3层
地点：北京市朝阳区富力城

一期方案
底层架空，将主要功能划分在6 m×10 m的基本单元空间内，基本单元组合形成院落。
问题：空间散、碎，缺乏明确联系，面积超标，不符合孩子的使用特点

二期方案
基本单元采取统一的组合方式，将长廊加入，明确空间之间的联系，有了较理性的处理方法
问题：空间的功能排布欠考虑，长廊和院落以及主体建筑的关系需深入思考

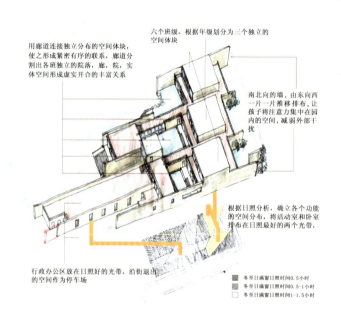

用廊道连接独立分布的空间体块，使之形成紧密有序的联系，廊道分割出各班独立的院落，廊、院，实体空间形成虚实开合的丰富关系

六个班级，根据年级划分为三个独立的空间体块

南北向的墙，由东向西一片一片推移排布，让孩子将注意力集中在园内的空间，减弱外部干扰

根据日照分析，确立各个功能的空间分布，将活动室和卧室排布在日照最好的两个光带

行政办公区放在日照好的光带，沿街退出的空间作为停车场

■ 冬至日满窗日照时间0.5小时
▨ 冬至日满窗日照时间0.5~1小时
□ 冬至日满窗日照时间1~1.5小时

一层平面

西立面　　　东立面

北立面　　　南立面

作　者：谭银莹
指导教师：王小红

中央美术学院建筑学院

幼儿园设计

作者：谭银莹
指导老师：王小红
中央美术学院建筑学院
入围奖作品

第一届全国高等美术院校建筑与环境艺术设计专业学生作品双年展

参展作品

EXHIBITED

大连甘井子区行政中心室内设计
作者：刘杰
指导老师：孟岩
大连大学美术学院
参展作品

红罗咖啡吧
作者：夏青
指导老师：赵胜
大连大学美术学院
参展作品

大连市旅顺口区阳光海岸景观设计
作者：向曼　马强　袁景
指导老师：王明坤
大连大学美术学院
参展作品

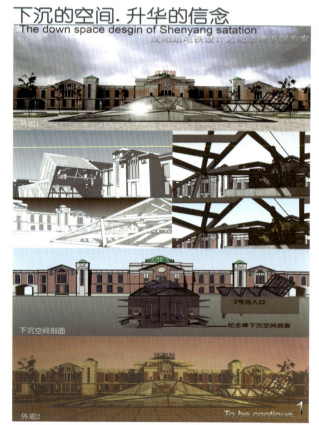

下沉的空间，升华的信念——沈阳站地铁设计之纪念碑下沉方案
作者：董鹏
指导老师：张书鸿
东北大学艺术学院
参展作品

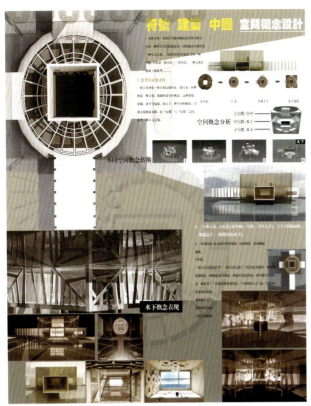

符号　建筑　中国

作者：代锋
指导老师：王铁军
东北师范大学美术学院
参展作品

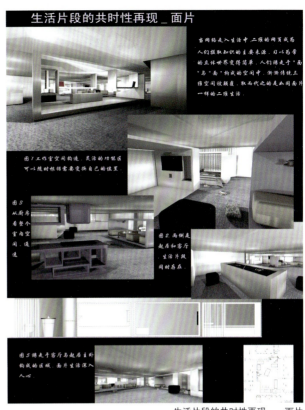

生活片段的共时性再现——面片

作者：郭天卓　孙旭
指导老师：王铁军　刘学文
东北师范大学美术学院
参展作品

境意住宅——创作者之家

作者：栗功
指导老师：王铁军
东北师范大学美术学院
参展作品

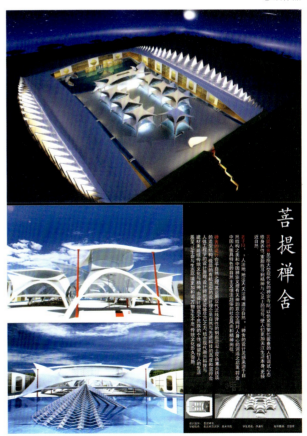

菩提禅舍

作者：乔桐雨
指导老师：王铁军
东北师范大学美术学院
参展作品

未来生活空间设计方案

作者：宿一宁
东北师范大学美术学院
参展作品

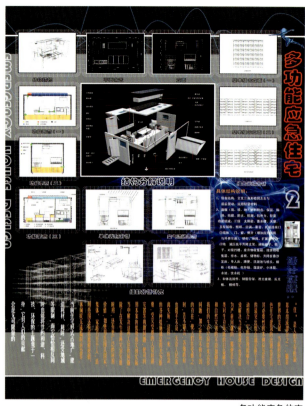

多功能应急住宅

作者：张宇峰
东北师范大学美术学院
参展作品

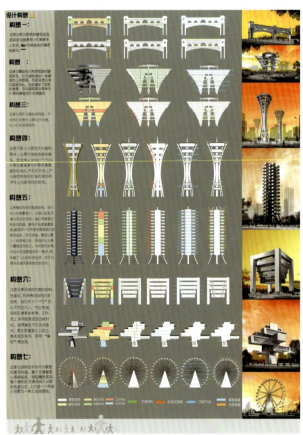

巢居

作者：罗凌　范晶晶　刘晓明
湖北美术学院
参展作品

建筑的形式主义价值

作者：马冲
湖北美术学院
参展作品

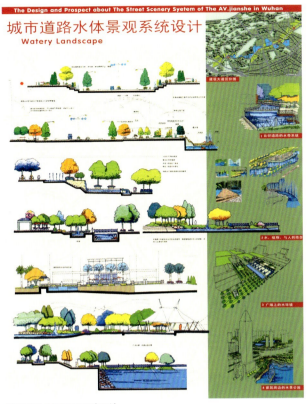

城市道路水体景观系统设计

作者：周稀　刘阳
湖北美术学院
参展作品

清水咖啡吧

作者：卞莹莹
指导老师：李钢
辽东学院艺术与设计学院
参展作品

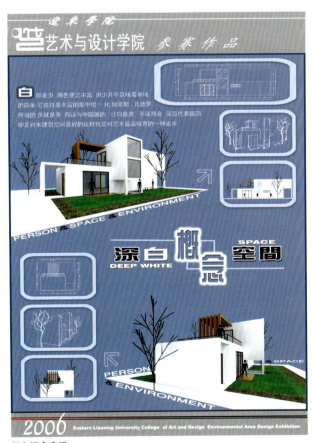

深白概念空间

作者：顾照庆
指导老师：柯美霞
辽东学院艺术与设计学院
参展作品

屋顶花园

作者：刘依洋
指导老师：刘宪军
辽东学院艺术与设计学院
参展作品

酒吧设计
作者：马国臣
指导老师：闫俊
辽东学院艺术与设计学院
参展作品

时尚·另类·商业空间
作者：杨金秋
指导老师：关洪丹
辽东学院艺术与设计学院
参展作品

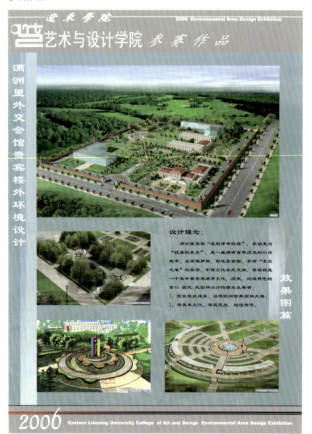

满洲里外交会馆贵宾楼外环境设计
作者：张鹏
指导老师：孙蓬
辽东学院艺术与设计学院
参展作品

北方国际传媒中心
作者：马长明
鲁迅美术学院
参展作品

云南省个旧市新区规划设计及建筑装饰设计

作者：赵维锋
鲁迅美术学院
参展作品

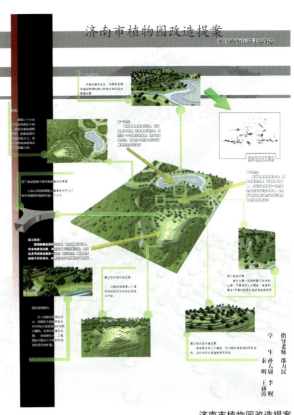

济南市植物园改造提案

作者：孙大尉　李贶　秦明　王新涛
指导老师：邵立民
山东工艺美术学院建筑与景观设计学院
参展作品

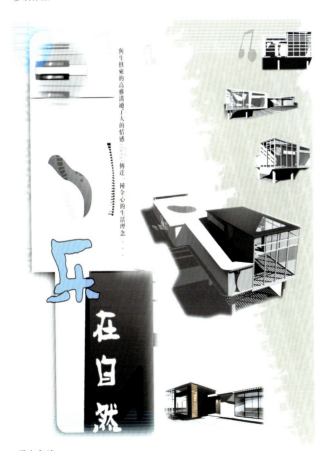

乐在自然

作者：于珂
指导老师：杨军　孙天黎
吉林师范大学美术学院
参展作品

置换——我的乡愁

作者：于珂
指导老师：杨军　孙天黎
吉林师范大学美术学院
参展作品

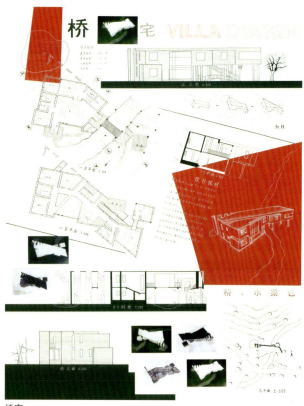

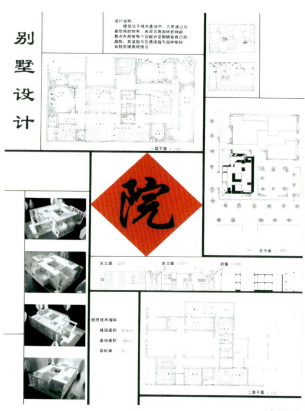

桥宅

作者：马瑞琳
指导老师：章迎庆
上海大学美术学院
参展作品

别墅设计

作者：施益平
指导老师：柏春
上海大学美术学院
参展作品

艺术之家

作者：费肖夫
指导老师：柏春
上海大学美术学院
参展作品

历史街区的现代演绎——综合楼设计

作者：姚良　董品良
上海大学美术学院
参展作品

泰山文学院建筑景观规划设计方案

作者：仇程　谢晓　王华青
指导老师：朱小平　张志新　王强
天津美术学院
参展作品

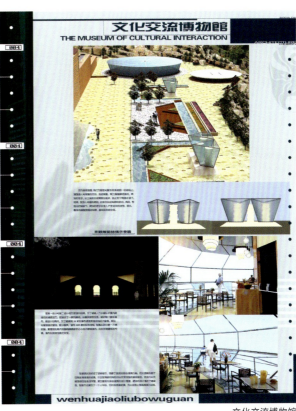

文化交流博物馆

作者：孙悦　张君　姜楠
指导老师：朱小平　张志新　王强
天津美术学院
参展作品

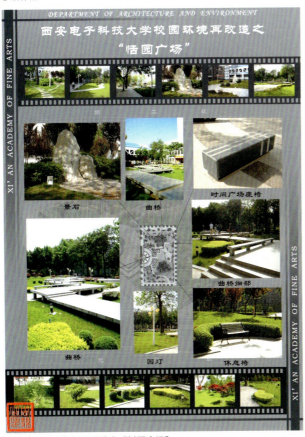

西安电子科大校园再改造之"恬园广场"

作者：周靓　谭明　郭贝贝　饶硕　降波　李一清　李静
指导老师：陆楣
西安美术学院
参展作品

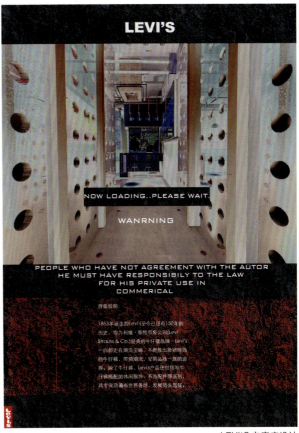

LEVI'S专卖店设计

作者：李建华　张锡挺
指导老师：汪梅
浙江理工大学艺术与设计学院
参展作品

奥运特许商品专卖店设计

作者：陈翔
指导老师：汪梅
浙江理工大学艺术与设计学院
参展作品

小型展览馆建筑设计

作者：马德敏
指导老师：杨小军
浙江理工大学艺术与设计学院
参展作品

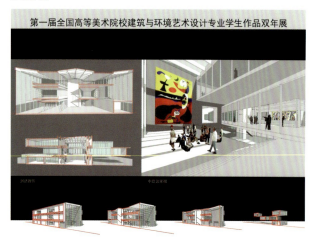

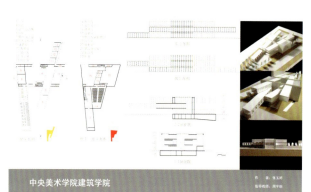

交汇／融合／分离　当代艺术博物馆设计

作者：张玉婷
指导老师：周宇舫
中央美术学院建筑学院
参展作品

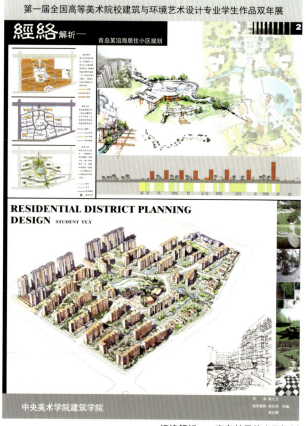

经络解析——青岛某居住小区规划

作者：姚元元
指导老师：韩光煦　何巍　虞大鹏
中央美术学院建筑学院
参展作品

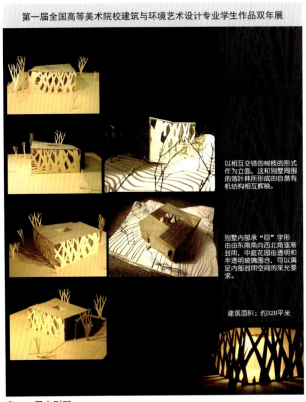

森——周末别墅

作者：申佳鑫
指导老师：黄源
中央美术学院建筑学院
参展作品

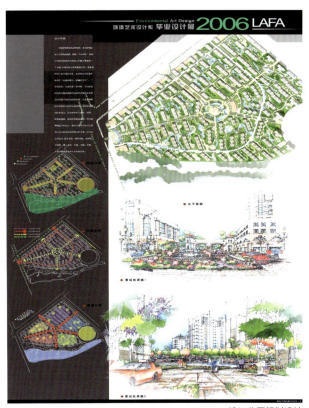

滨江公园规划设计

作者：刘畅　李秀英
鲁迅美术学院
参展作品

大连市甘井子区公共行政中心修建性详规及单体设计方案

作者：高磊　秦涛　吴雁雁　毕鹰翱
指导老师：王明坤
大连大学美术学院
参展作品

沧流水筋

作者：王璟 孙云娟 胡雁
湖北美术学院
参展作品

无锡江南实验幼儿园建筑方案设计

作者：杨洋
指导老师：孙政军
江南大学设计学院
参展作品

无锡中山广场方案设计

作者：杨洋
指导老师：张矫
江南大学设计学院
参展作品

交·错——上海大学美术学院东侧卫生间改造设计

作者：李春磊 潘丹 杨怡培
指导老师：程雪松
上海大学美术学院
参展作品

中国书画博物馆设计方案

作者：巩振华 单蕊
指导老师：朱小平 张志新 王强
天津美术学院
参展作品

天津滨海05号博物馆设计方案

作者：田海龙 李文娟 李哲华
指导老师：田沛荣 赵乃龙
天津美术学院
参展作品

绿色家园

作者：刘清清 李婷 黄一文 王璐 耿金
指导老师：吴昊 秦东 胡文
西安美术学院
参展作品

无锡蠡湖市民公园规划设计

作者：赵李红 吴丽芽
指导老师：杨小军
浙江理工大学艺术与设计学院
参展作品

环保科普公园

作者：李峰
鲁迅美术学院
参展作品

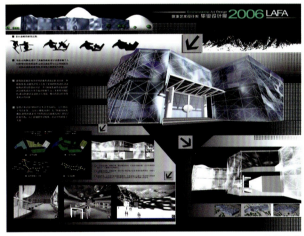

建筑表皮

作者：王家兴
鲁迅美术学院
参展作品

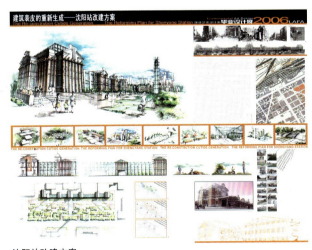

沈阳站改建方案

作者：兰兰
鲁迅美术学院
参展作品

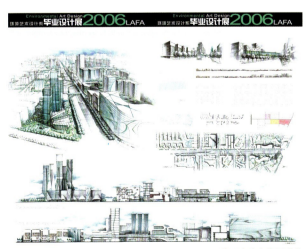

沈阳金廊商业区改造

作者：闫明
鲁迅美术学院
参展作品